相关性范式下的风险管理理论与方法丛书

多主体视角下的旅游风险研究

李建平　冯钰瑶　孙晓蕾　等　著

科学出版社

北京

内 容 简 介

无形性、异质性和时效性等产品特征使得旅游行业呈现出极高的风险敏感性，深入理解旅游活动开展过程中各参与主体面临的风险问题并寻求可行的解决方法，对保障旅游行业健康发展具有十分重要的理论和实践价值。本书从多主体视角切入，提出了基于多源数据的多主体旅游风险研究框架，从游客、企业和目的地管理者等层面出发，有针对性地分析了各主体在旅游活动参与过程中面临的风险困境，并提出了新的解决方案。在此基础上，本书以生态旅游和国家公园为实践背景，通过案例分析的方式对理论研究内容进行了应用拓展。

本书主要面向风险管理从业者、旅游行业参与者以及旅游管理领域的学者及研究生，以供参考交流。

图书在版编目（CIP）数据

多主体视角下的旅游风险研究 / 李建平等著. —北京：科学出版社，2024.6

（相关性范式下的风险管理理论与方法丛书）

ISBN 978-7-03-077501-6

Ⅰ. ①多⋯　Ⅱ. ①李⋯　Ⅲ. ①旅游安全－安全风险－研究

Ⅳ. ①X959

中国国家版本馆 CIP 数据核字（2024）第 009999 号

责任编辑：李　嘉 / 责任校对：姜丽策
责任印制：张　伟 / 封面设计：有道设计

科　学　出　版　社 出版

北京东黄城根北街 16 号
邮政编码：100717
http://www.sciencep.com

北京建宏印刷有限公司印刷
科学出版社发行　各地新华书店经销

*

2024 年 6 月第 一 版　开本：720 × 1000　1 / 16
2024 年 6 月第一次印刷　印张：10 3/4
字数：222 000

定价：138.00 元

（如有印装质量问题，我社负责调换）

前　　言

当今社会是一个风险社会，全面而有效的风险管理是社会有序运行的重要基础。建立健全风险控制机制，防范化解重大风险，也早已成为我国近年来重点强调的战略需求。随着社会的进步和经济的快速发展，旅游产品成本逐渐降低的同时，人们的可支配收入和休闲时间也在不断增加，这些变化使得旅游活动的普适性越来越高。旅游业作为第三产业中备受瞩目的部分，其快速发展不仅满足了人们日益增长的物质和文化需求，也对国民经济增长产生了重要的拉动作用。据世界旅游及旅行业理事会统计，2019 年全球旅游业对 GDP 的贡献为 10.3%，并向全世界提供了 10%的工作岗位。旅游业凭借巨大的发展潜力和多元化的发展趋势已经成为世界上规模最大、增长速度最快的经济部门之一，并朝着战略性支柱产业地位飞速前进。在旅游业飞速发展的今天，深入理解旅游活动开展过程中的关键风险问题并寻求可行的解决方法，对保障旅游行业健康发展具有十分重要的理论和实践价值。

旅游活动的增加在创造高品质生活环境和刺激经济增长的同时，也暴露了旅游行业高度风险敏感的特征，游客、企业、目的地等不同主体在旅游活动消费、经营和管理的各个环节中都面临着复杂多变的风险和不确定性。由于不同主体在旅游活动参与过程中扮演的角色及其利益诉求各不相同，因此其面临的风险困境也存在显著差异，单一的旅游风险识别和测度框架难以覆盖不同主体的风险管理需求。在此背景下，对不同利益主体面临的关键风险进行分析，并提供有针对性的解决方案，成为完善旅游风险研究体系和促进旅游行业良性循环的重要一环。

相较于现已出版的旅游风险类书籍，我们更加关注不同旅游活动参与主体的差异性。本书的主要特色是从多主体视角出发，在对旅游主体及其关联性以及旅游风险相关概念进行界定的基础上，提出了多主体旅游风险研究框架，从更加系统全面的维度对企业、游客和管理者等多个主体的真实风险和风险感知进行了识别和测度，并在生态旅游活动开展和国家公园建设实践中对理论研究成果进行了扩展。
首先，本书梳理构建了多主体旅游风险研究框架。在理论层面上，通过对旅游本质和风险属性的分析，厘清了旅游风险的主要作用对象及其关联性，界定了旅游风险的概念，辨析了真实风险与感知风险两种风险表现形式，为后续研究工作提供了理论基础。在数据层面上，将企业年报风险披露数据、百度指数、在线评论数据、新闻媒体报道、游记文本引入研究框架，以多源大数据为支撑，为各主体在风险识别和风险测度层面的研究难题提供了新的解决思路。其次，本书以多源大数据为支撑，为帮助游客、企业和目的地管理者更好地应对现存的主要风险困境提出了新的解决方案，弥补了游客风险感知的动态过程难以刻画、企业风险感知及其影响作用难以全面识别和测度、目的地需求波动风险难以有效预测等研究缺陷，为科学的旅游风险管理提供了重要的参考信息。最后，本书以生态旅游为研究背景，讨论了我国生态旅游前沿探索过程中，不同利益主体面临的关键风险困境，并介绍了国家公园作为一种新型的旅游产品，对破解多主体生态旅游困境的有用性。在此基础上，本书以三江源国家公园和第三极国家公园群为例，分析了当前我国国家公园建设过程中的瓶颈，并提出了相应的解决方案。

本书的部分研究成果已经发表在 Science（《科学》）、*Humanities and Social Sciences Communications*（《人文与社会科学传播》）、*Annals of Tourism Research*（《旅游研究年刊》）、*Tourism Management Perspectives*（《旅游管理视角》）等学术期刊上。在旅游风险研究过程中，我们先后得到了学术界和业界多位前辈和专家的指导和帮助，对此致以最衷心的感谢！

本书研究最初是受到国家重点研发计划专题"特色生态旅游产品开发及示范"（2016YFC0501905-05）的资助，有幸多次得到赵新全研究员、周华坤研究员、徐世晓研究员等专家的细致指导，这才有了专题研究的顺利推进，初步形成了课题组理论突破与实践落地并重的研究模式。以此为基础，课题组成员多次参加了第二次青藏高原综合科学考察研究（2019QZKK0401），通过科学考察发现实践短板、凝练关键问题。在这一过程中，徐伟宣研究员、蔡晨研究员、樊杰研究员、陈建明研究员、钟林生研究员、石勇教授、杨晓光研究员、黄宝荣研究员、刘怡君研究员、余乐安研究员、熊熊教授、周炜星教授、王红兵副研究员、虞虎副研究员、房勇副研究员、陈东副研究员等多次参与讨论，给予了课题组多方位的全面指导与宝贵意见。这也让课题组逐渐将风险相关性范式与生态旅游管理相融合，形成了多主体视角下的旅游风险管理这一新的研究特色，获批了国家自然科学基金青年科学基金（72301271）。

本书由李建平总体设计、策划、组织和统稿。其中，第1章主要由冯钰瑶、李建平完成，第2章主要由冯钰瑶、李建平、孙晓蕾完成，第3章主要由冯钰瑶、李建平、孙晓蕾、李国文完成，第4章主要由李建平、冯钰瑶、孙晓蕾、李国文完成，第5章主要由冯钰瑶、孙晓蕾、李建平完成，第6章主要由冯钰瑶、李国文完成，第7章主要由冯钰瑶、王林、孙晓蕾完成，第8章主要由冯钰瑶、李建平、吴登生完成，第9章主要由冯钰瑶、李建平完成。在本书撰写过程中，课题组的老师和同学们也给予了大量的支持和帮助，索玮岚教授、朱晓谦副教授等提出了诸多中肯建议。本书是课题组集体智慧的结晶，在此一并向他们表示感谢！

特别感谢本书所引用文献的所有著者，向国内外学术同行及业内人士致以最诚挚的敬意。没有他们所展现出来的智慧，本书的写作将无法完成。最后衷心感谢科学出版社的马跃先生、李莉女士和李嘉女士，正是由于他们的帮助和鼓励，本书才得以顺利出版！

本书的内容是探索性的研究成果，但限于学科背景和理论深度，依旧难以对旅游风险这个重要的领域进行全面而系统的研究。本书难免存在疏漏和不足之处，恳请学术同行及业界人士给予多方面的批评指正。

目　　录

第 1 章 绪 论

世界银行统计数据显示，在新冠疫情发生之前的十年里，国际入境和出境游客数量每年都超过十亿人次，并以大约 5%的年增长率不断增加（图 1-1）。旅游活动的增加在创造高品质生活环境和刺激经济增长的同时，也暴露出旅游行业高度风险敏感的特征（Cui et al.，2016），旅游和风险之间交错复杂的关联性逐渐显现（Yang et al.，2017），给旅游风险管理研究提出了更高的要求。

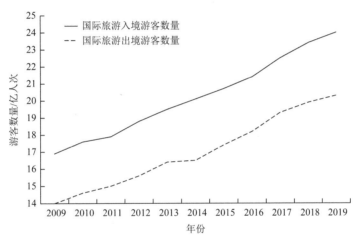

图 1-1　国际出入境游客数量

资料来源：世界银行

1.1　什么是旅游风险

当今社会是一个风险社会（Beck et al.，1992），人们无时无刻不面临着复杂且多变的风险威胁。一方面，金融风险、健康风险、时间风险等多元化的风险因素充斥在日常生活的各个角落；另一方面，风险的存在形式多样化，既包括客观存在的风险，也包括人们主观认知的风险。因此，在搞清楚什么是旅游风险前，有必要对风险的概念进行明确的界定。

尽管与风险相关的研究已经成功地应用于现代科学技术的许多领域，但目前仍然没有一个为学术界和实务界所普遍接受的定义（郭晓亭等，2004；Haimes，

2009）。表 1-1 总结了部分研究中对风险的定义。尽管学者们对风险的定义大不相同，但他们都围绕着两个核心要素，即负面后果和后果发生的概率。

表 1-1 风险的定义

文献	定义
Lowrance（1976）	对负面影响发生概率和严重性的度量
Okrent（1980）	风险等于社会危害的大小乘以危害发生的概率
Kaplan 和 Garrick（1981）	风险包括以下三个要素：风险情景、情景发生的概率以及情景的后果
朱淑珍（2002）	各种结果发生的不确定性导致的主体遭受的损失大小以及损失发生的可能性
Campbell（2005）	风险是后果的危害大小乘以后果发生的概率
Willis（2007）	风险是主体受到威胁后，自身的脆弱性导致面临的一系列后果的集合
谢志刚和周晶（2013）	风险是相对于某一主体而言，外因和内因的相互作用所导致的、偏离当事人预期目标的综合效应，其中风险的内因是风险主体的预期目标和行为决策，而外因则是主体不能控制或无法预判的未来状态，也就是不确定性
Andretta（2014）	风险是主体受到损害后，受到负面影响的可能性
International Organization for Standardization（2018）	风险是不确定性对主体的影响，通常用风险源、潜在事件、其后果和可能性来表示

除了对风险概念的直接界定，对风险和不确定性的辨析也是现有研究的重要议题。例如，国际标准化组织（International Organization for Standardization，ISO）在《ISO 31000：2018 风险管理：原则与指南》（ISO 31000：2018 Risk management—Principles and Guidelines）中将风险定义为"不确定性对主体的影响"（the effect of uncertainty on objects），认为风险等同于不确定性。谢志刚和周晶（2013）、朱淑珍（2002）等的定义都暗示了风险与不确定性之间存在着密不可分的关联性。然而，也有不少观点明确指出了风险与不确定性之间的差异性。例如，Knight（1921）将风险定义为可以用概率度量的不确定性，而将纯粹的不确定性定义为由于信息过于模糊，无法用概率度量的不确定性（Kravet and Muslu，2013）。行为经济学中也有类似的观点，认为风险是不同结果出现的概率（Tversky and Kahneman，1974），也就是说决策者在做决定时既知道可能出现的结果也知道结果发生的概率，而不确定性则充满了未知性，决策者不能预估结果发生的概率，甚至不能掌握所有未来可能出现的结果（Knight，1921）。

虽然风险和不确定性在是否可度量层面上存在着本质的差异，但以下两个因素使得二者之间的界限越来越模糊。首先，风险和纯粹的不确定性产生的原因大致相同，一类是隐性知识缺乏导致的（Li et al.，2020a），结合旅游行为来看，旅游的空间要素决定了游客需要前往惯常生活环境以外的目的地，对一个相对陌生的环境缺乏隐性知识会让他们的旅游体验充满更多的未知性。对于旅游企业来说，隐性知识的缺乏也同样困扰着企业的发展，特别是对于那些试图开拓国际市场的企业个体来说（Liesch et al.，2002）。另一类是因空间或时间的内在变动性而产生的（Jansen et al.，2019）。例如，对于目的地主体来说，游客旅游需求的复杂性和自然气候条件的随机性都会使其旅游政策制定等充满不确定性。其次，随着知识革命的发展和信息技术的进步，一方面，人们不得不面对信息过载的新困境（Lee and Lee，2004），从海量的信息池中提取有效信息变得愈发困难，这意味着主体可能会因此失去对事件结果和结果发生概率的掌控能力，使得风险逐渐被不确定性取代（Beck et al.，1992；Taylor-Gooby and Zinn，2006），高度不确定性已经成为网络信息社会的本质特征；另一方面，信息获取和分享渠道的拓展也使得不确定性有了更多可靠的概率估计基础，从而可能演变为风险。

其实，在现实生活中的大多数情况下，风险和不确定性是交织在一起的，旅游行业中也是如此（Williams and Baláž，2015）。在旅行中，游客确实无法确切知道目的地是否会发生暴乱，但他们可以根据天气预报估计出晴天的可靠概率，也可以根据其他游客的在线评论大致了解目的地的住宿和餐饮水平等。因此，参考 Cui 等（2016）、Sheng-Hshiung 等（1997）、Williams 和 Baláž（2015）等的研究，本书将旅游风险定义为所有主体在旅游活动参与过程中可能面临的一系列负面结果的不确定性。

1.2　为什么要研究旅游风险

旅游活动的增加在创造高品质生活环境和刺激经济增长的同时，也暴露出旅游行业高度风险敏感的特征（Cui et al.，2016），企业、游客、目的地等不同主体在旅游活动经营、消费和管理的各个环节中都面临着复杂多变的风险和不确定性，旅游和风险之间的关联性逐渐显现（Yang et al.，2017），主要表现在以下几个方面。

首先，从旅游活动的概念来看，旅游是指游客从一个相对熟悉的来源地到相对陌生的目的地进行游览体验的过程。在陌生的环境中，人们的隐性知识将大大减少，这意味着游客作为目的地的"弱势群体"更有可能成为风险的"袭击目标"（Boksberger and Craig-Smith，2006；Williams and Baláž，2015）。

其次，旅游作为一种服务性产品，具有无形性和异质性的产品特征（许晖等，2013；Roehl and Fesenmaier，1992；Yang et al.，2017）。因此，游客无法在亲身参与旅游活动前仅依靠先前的经验和他人的描述形成可靠的产品预期（黄锐等，2023），这使得旅行的决定本身就是一种风险（Evans et al.，2003）。

再次，旅游具有严格的时间限制（马超等，2020）。一方面，旅游产品具有无法存储的特性，这使得旅游企业必须在有限的时间内销售尽可能多的门票或房间（Williams and Baláž，2015），从而最大限度地减少因产品的不可储存性而带来的经济损失；另一方面，旅游景点和自然景观通常具有明显的季节性（Cuccia and Rizzo，2011），旺季过后，目的地旅游发展便会进入相对萧条的阶段，强烈的需求波动使目的地旅游市场面临着严重的不确定性。此外，对于游客来说，预订也有明确的时间限制，所以游客必须在约定期限内消费他们购买的旅游产品（Dickinson and Peeters，2014；Haldrup，2004），更改出行时间或票据过期都可能会给游客带来一定的损失（Park and Jang，2014）。

最后，旅游业是一个交错复杂的行业，它的发展与营销、交通、住宿、餐饮和会展等部门都密不可分（Leiper，1979），因此，任何一个环节的差错都会影响整个产业链的正常运行，使得旅游行业更加脆弱和敏感。从以上论述中不难看出，无论是企业、目的地景点还是游客都面临着严重的风险威胁，风险已经渗透到旅游活动的各个角落，给旅游行业的健康发展带来了更加严峻的挑战。

旅游行业风险易感的特性使得旅游风险研究十分重要，有效的风险研究能够为风险预警提供可靠的参考依据，从而降低利益相关者的风险损失。从 19 世纪中后期开始，旅游风险就受到了广泛的研究和关注（Roehl and Fesenmaier，1992）。彼时，尚不稳定的社会环境使得社会政治风险和安全风险成为旅游风险的主要表征类型（Faulkner，2001；Poirier，1997）。到今天，越来越多的研究开始关注不同主体的不同风险类型，使得旅游风险研究逐渐丰富和多元化（Yang and Nair，2014）。当前对旅游风险的研究已经取得了很多重要的成果，但是由于不同主体在旅游活动中扮演的角色各异，因此其面临的风险问题也不尽相同。现有的研究在解决不同主体风险困境上仍然存在一些不足，旅游风险管理研究任重而道远，构建契合旅游主体现实需求的风险识别与测度框架并展开相应的实证研究，对于利益相关者旅游风险防范与应对管理等具有重要的理论及应用价值，是促进旅游行业健康稳定发展的重要工具。

1.3　本书结构

全书共分为九个章节，其中，第2章就多主体旅游风险的研究现状和相关概念进行梳理总结，并在此基础上提出本书的主要研究内容和创新性工作；第3章至第6章聚焦游客、企业和目的地三类旅游主体，围绕风险感知识别与测度、旅游需求预测等问题展开讨论；第7章和第8章聚焦生态旅游，以国家公园等新兴生态旅游产品为例，对多主体交互作用下的风险实践进行探讨。各章节主要研究内容如下。

第1章对旅游风险的基本概念进行了界定，并阐述了旅游活动与风险的内在关联性，指出了旅游风险研究的必要性和迫切性。

第2章首先对旅游风险研究过程中涉及的风险主体、主体关联性以及风险类别进行了辨析与描述，从概念层面出发，为后续研究工作的开展奠定了理论和逻辑基础；其次，从研究主体视角出发，对目前的旅游风险研究现状进行了系统性的梳理、总结和评述，进一步明确了现有研究基础和待优化的研究问题；最后基于上述概念基础和研究现状，提出本书的主要研究内容和创新性工作。

第3章实现了对游客风险感知动态变化过程的刻画。首先，指出了游客的目的地风险感知是一个动态变化的过程，且容易存在偏差，明确了目前研究对游客风险感知动态性关注的不足以及主要的研究困境。其次，对游客旅游前后风险感知的塑造过程进行了描述，进一步明确了二者之间的差异性，接下来对实验对象以及旅游前后风险感知的表征数据和测度方法进行了详细介绍。最后，实证结果证实了旅游前后风险感知差异性的存在并对风险因素的变化过程进行了描述。

第4章实现了对企业风险感知的全面系统性识别。首先，描述了旅游企业风险感知识别的数据获取困境，并简要介绍了年报风险披露数据在表征企业风险感知上的适用性。其次，介绍了数据爬取及处理的详细过程，并提出了主题相似度计算方法，对主题模型应用过程中的参数选择过程进行了优化。最后，通过实证研究识别出了旅游企业的风险感知因素，并对其行业代表性和时间变化趋势进行了分析。

第5章在第4章研究工作的基础上，进一步实现了对企业风险感知影响作用的测度。首先，介绍了测度企业风险感知因素影响作用的必要性及其与投资者风险感知和信心强度变化的内在关联性。其次，对样本数据和模型方法进行了描述。接下来，通过实证分析检验了不同风险感知因素在影响强度上的差异。最后，和第4章的研究结果相结合，从感知强度和影响作用两个维度，对旅游企业的风险感知因素进行了分类。

第6章实现了对目的地主体需求波动风险的预测。首先，指出需求波动风险对目的地旅游市场发展具有负面影响，并明确了旅游需求预测在最小化需求波动风险影响作用上的重要意义。其次，提出了基于游客目的地形象感知的多源网络大数据预测框架，并对模型算法、样本选择、数据获取和处理过程进行了交代。最后，通过实证研究检验了不同数据源和模型方法的可行性和有效性。

第7章以生态旅游为研究场景，实现了对多主体旅游风险的分析。首先，对生态旅游的内涵与特征、国内发展现状进行了阐述，并以三江源区为例，详细描述我国生态旅游发展现状。在此基础上进一步从多主体视角出发，分析了管理者、游客、当地居民等主体在生态旅游实践过程中面临的关键风险问题，旨在为更加健康有效的生态旅游管理模式提供参考依据。

第 8 章介绍了国家公园作为一种新型的旅游产品，在破解多主体生态旅游风险困境中的积极作用。回顾了我国国家公园的发展历程，并以三江源国家公园和第三极国家公园群为例，介绍了国家公园智慧化建设的现状，分析总结了目前面临的发展瓶颈，并提供了有针对性的政策建议。为完善数字化和智慧化的国家公园管理体制机制，破解我国环境保护与生态旅游发展困境提供参考依据。

第 9 章首先总结了本书的主要研究工作和主要研究结论；其次，对未来研究工作的重点任务进行了展望。

第2章 多主体旅游风险研究框架

旅游风险不仅涉及游客、企业、目的地等不同参与主体，还涉及真实风险和风险感知等不同的风险表现形式。本章的主要目的是通过对概念的梳理界定和对研究进展的总结评述，提炼本书的研究框架和主要创新性工作，本章内容主要分为四个部分：首先，对旅游主体及其关联性以及旅游风险的两种表现形式进行辨析；其次，以旅游主体为主要线索，对旅游风险研究现状进行总结和评述；再次，基于概念基础和现存研究问题，提出本书的主要研究内容；最后，总结提炼本书的创新性工作。

2.1 概 念 基 础

2.1.1 旅游主体及其关联性

对于旅游的概念，国内外学者已从各自的研究视角出发，对其内涵和外延进行了丰富的讨论，但迄今为止仍未形成一个明确的概念（刘民坤和何华，2013；谢彦君，2004）。然而，无论是国外研究主导的旅游是旅游者行为及其行为引起的社会现象和关系的总和理论，还是国内学者广泛坚持的旅游是旅游者行为和经历本身的说法（王玉海，2010），都对旅游的本质达成了一些共识性的认知，即认为旅游是由非惯常生活环境（空间）、一定的余暇时间（时间）和休闲体验（目的）三个要素共同组成的社会活动（徐菊凤，2011）。

从旅游的本质来看，旅游活动的顺利开展不仅涉及人的需求，还涉及了游客在来源地和目的地之间的地理转移和为了满足游客休闲体验需要的各项旅游服务（Leiper，1979）。因此，在更加宏观的行业视角下，旅游不仅包括产生旅游需求的游客主体，还包括作为旅游需求客体的旅游资源及其空间载体目的地，以及为满足游客旅游需求，为游客提供食、住、行、游、娱、购等各种产品和服务，以帮助其完成来源地与目的地之间旅行和游览的旅游企业及其形成的旅游产业链（王起静，2005）。

从上述描述中不难看出，旅游行业是一个由游客旅游需求驱动的，以目的地旅游资源为基础、以企业产品和服务供应为保障的整体系统。游客、旅游资源和旅游接待业已然成为影响旅游活动开展的三个关键因素。回顾现有文献可以发现，目前的旅游研究也主要是围绕游客行为、企业管理，以及游客和企业活动对目的地的影响三个方面展开的（王玉海，2010）。因此，在激烈的旅游概念探讨与丰富的旅游学研究基础上，本书将游客、企业、目的地定义为旅游行业的三个核心主体，各主体在旅游活动中承担的主要角色及其之间的相关关系如图 2-1 所示。

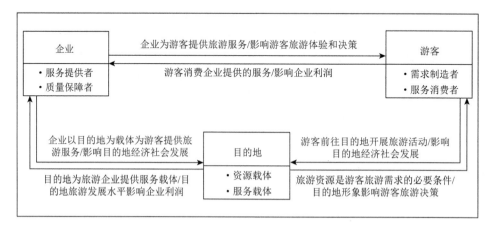

图 2-1 旅游主体框架

其中，目的地是旅游活动开展的基础，它不仅承载了丰富的旅游资源，成为游客产生旅游需求的必要条件，同时也是企业提供旅游服务、获得经济利润的重要空间载体（韦鸣秋等，2021）。企业在旅游活动中扮演着服务提供者的角色，其主要任务是负责目的地旅游项目的开发，为游客提供各种类型的旅游产品和服务，包括旅游前的市场营销、保险购买，旅游过程中的交通、住宿、餐饮、购物等，并实现获得经济利润的最终目标。此外，旅游项目开发的可观赏性和趣味性以及旅游服务的水平决定了旅游活动的质量，因此，企业也是旅游活动高质量发展的重要保障者。游客作为旅游需求的制造者，其旅游需求的产生是旅游活动开展的强烈信号，通过将内在的旅游需求转化为外在的旅游行动，游客便开始以旅游活动的主要服务者的身份消费企业提供的旅游服务，实现前往目的地进行游览体验的目标。

如图 2-1 所示，各主体之间密不可分的行业关联使得不同主体的行为和特征会对其他主体产生不容忽视的影响作用。具体来说，企业的服务质量、目的地的资源和社会条件会对游客的消费体验以及目的地形象感知产生直接影响，从而影响游客的旅游决策。游客对旅游需求的不确定性也会直接或间接地威胁企业利润，阻碍目的地旅游市场和社会经济的进一步发展。

2.1.2　真实风险与风险感知

就风险的存在形式而言，Haddock（1993）将风险分为真实（绝对）风险和感知（主观）风险两类。其中，真实风险指的是客观存在于现实生活中的、不随主体的意愿而改变的风险。因此，严格来说，无论主体的属性如何，他们所面临的风险都是一样且不能被消除的（Wong and Yeh，2009）。虽然风险客观存在的事实无法被改变，但必须明确的是，不同个体对相同风险的认识和感知并不相同（Slovic et al.，1982）。在大多数情况下，人们并不会关注所有真实的风险，而只会关注那些他们认为真实的，且一旦发生结果会超出他们容忍范围的风险（Budescu and Wallsten，1985；Thomas W I and Thomas D S，1928）。例如，健康风险无时无刻不威胁着公众的身体健康，但人们并不经常担心会生病，然而一旦发生严重的传染性疾病，人们就会感到不安并感知到强烈的健康风险，此时健康对于他们来说变得非常重要。1960 年，哈佛大学的 Bauer 首次将风险的概念从心理学领域延伸至市场营销研究中，并指出风险研究应该侧重于对消费者主观感受即风险感知的研究。表 2-1 展示了在旅游领域中有代表性的主流文献对风险感知的定义。

表 2-1　风险感知定义

参考文献	定义
Cox 和 Rich（1964）	消费者在考虑某一特定购买决定时所感受到的风险的性质和数量
Dowling 和 Staelin（1994）	消费者对购买产品（或服务）的不确定性和不良后果的认知
Sheng-Hshiung 等（1997）	消费者对不确定性和可能发生的不良后果的严重程度的认知
Reisinger 和 Mavondo（2005）	个人对购买产品（或服务）、从事某种活动或选择某种生活方式的不确定性和负面后果的感知
Huang 等（2008）	旅游者在目的地购买和消费旅游相关服务时，由于精神或超自然信仰而产生的焦虑或心理不适
Adam（2015）	一种主观确定的对潜在损失的预期，其中每种可能的结果都带有一定的概率
Williams 和 Baláž（2015）	关于特定地点、物体或活动的预先形成的观念
Kapuściński 和 Richards（2016）	处理有关潜在有害事件或活动的物理信息，并形成对相应事件或活动的严重性、可能性和可接受性的判断
Wolff 等（2019）	对结果严重程度和结果概率的主观理解

通过表 2-1 中的文献回顾可以发现，虽然目前学术界对风险感知的定义并不统一，但大多都是紧紧围绕着主观感受、客观评估和消极后果三个核心要素展开的（Cui et al.，2016；Glaesser，2004）。因此，参考上述概念研究成果，本书将旅游行业中的风险感知定义为主体对旅游活动开展过程中各种潜在的风险和不确定

性所造成的超出可容忍范围的负面结果的主观感受，而将主体感知到的各种风险因素称为感知风险。从表 2-1 中不难看出，目前对风险感知的讨论大多都聚焦在消费者或游客主体，然而，企业作为旅游行业的另一个重要主体，其面临的风险水平不仅由真实风险的波动性左右，也由企业对不同风险的敏感性和脆弱性程度所决定（Cardona et al.，2012）。因此，本书将风险感知的概念拓宽到企业层面，并将旅游企业的感知风险定义为公司管理者根据其对真实风险的主观判断，认为可能严重影响企业未来经营业绩的风险类型。

2.2　研究进展与评述

从 19 世纪 70 年代开始，旅游风险研究就开始逐步发展起来（Roehl and Fesenmaier，1992），由于社会环境尚不稳定，对安全风险和社会政治风险的讨论是当时重要的研究主题（Faulkner，2001；Kozak et al.，2007；Poirier，1997），尤其是"9·11"事件发生之后，出现了一大批以游客安全风险为话题的文章，促使旅游风险研究得到了快速发展（Yang et al.，2014）。近年来，旅游风险研究进入暴增期，除了健康风险、经济风险、时间风险、自然灾害风险等传统风险类型的不断创新之外，对性别和电子商务背景下网络风险的关注也为研究提供了新的视角。其中，考虑性别因素的相关研究尤其关注女性游客在旅行过程中的风险感知（Yang et al.，2017），网络风险中，在线预订、在线购物、个人用户信息泄露等是比较新的风险感知研究类型（Park and Tussyadiah，2017），而 2020 年新冠疫情的全面暴发，使得安全和健康风险又重新成为当下的研究热点。

目前学术界对旅游风险的研究按照研究对象、风险类别和研究目的来看，主要可以有以下几种分类方式：从研究对象来看，现有的相关研究主要都是针对游客、企业和目的地三大主体开展的；从风险类别来看，可以进一步划分为对真实风险的研究和对风险感知的研究两类；从研究目的来看，可以分为风险因素识别、风险评估与测度、风险预警及应对等几个主要类别。本节将以研究对象为主要划分依据，以风险类别和研究目标为线索，对现有的旅游风险研究文献进行系统性的综述并做出相应的评述。

2.2.1　游客主体旅游风险研究

游客作为旅游活动的主要服务对象和利润来源，是旅游风险研究中的核心分析对象，对游客主体的研究占据了整个旅游风险研究的"半壁江山"（Yang and Nair，2014）。其中，从风险类别来看，相关研究大都紧紧围绕着风险感知展开，研究目的以对游客风险感知及其影响因素的识别、风险感知对游客行为决策的影响作用测度为主。除风险感知外，少数研究也对经济危机等真实风险事件对游客行为决策的影响作用进行了探究。

1）游客风险感知识别研究

为了获得游客对旅游过程中可能遇到的各种风险因素的关心程度和感知水平，从而为目的地旅游风险管理提供有效引导，学者们通过调查问卷和访谈等形式对游客的风险感知情况进行了丰富的统计和调查。从研究内容上看，游客风险感知识别研究可以进一步划分为以下三类。

第一类研究探讨了游客对于前往特定目的地旅游的风险感知情况。相关工作主要依赖调查问卷的数据收集方式，对游客旅游活动开始前、游览过程中以及旅游结束后的目的地风险感知类别和程度进行了研究。例如，Fuchs 和 Reichel（2006）调查了入住酒店的国际游客对前往以色列旅游前的整体风险感知和对五类特定风险（物理风险、金融风险、体验满意度风险、社会心理风险、时间风险）的感知情况。章杰宽（2009）对国内游客前往西藏旅游时的风险感知进行了深入研究，并识别出了七个主要的风险感知类别（财务风险、绩效风险、身体风险、心理风险、社会风险、便利风险、设备设施风险），其中，游客认为财务风险和绩效风险发生的可能性最高，而设备设施风险发生的可能性最低。Adam（2015）调查了前往加纳旅游的背包客在旅游结束后对六类风险（环境风险、政治风险、金融风险、社会心理风险、物理风险和期望风险）的感知情况。在此基础上，部分研究者还对识别出的风险感知因素进行了进一步的归纳分类，以期为旅游实践提供更加精细化的管理建议。例如，Simpson 和 Siguaw（2008）对人们在旅游前关心和感知的旅游风险进行识别并将其划分为可控风险和不可控风险两个主要类别，其中可控风险主要包括犯罪风险、旅游服务质量和当地居民的友好程度等，不可控风险包括健康风险、一般的心理恐惧和经济风险等。

第二类研究刻画了游客对某一特定风险事件的感知情况，主要讨论的风险事件类型包括恐怖袭击、自然灾害以及环境风险等。例如，Wolff 和 Larsen（2014）探讨了游客在前往发生过恐怖袭击的目的地时，对遭遇恐怖袭击风险的感知程度，并发现恐怖袭击事件发生前后游客的安全风险感知并没有发生明显变化。Rittichainuwat 等（2018）描绘了游客对发生过海啸的目的地的自然灾害风险的感知情况，证明了游客对自然灾害风险的感知强度与其发生频率有显著的正向关联。国内学者张晨等（2017）分析了潜在的国际游客对雾霾风险的感知，研究结果表明，空气质量是塑造中国旅游形象的重要因素，而游客对雾霾风险的感知已经成为关键的旅游意向抑制因素，并进一步指出由雾霾等大气污染引起的行动限制、健康威胁、游憩限制和安全威胁构成了国际游客对华环境风险负面感知的主要方面，强调了积极主动地解决空气污染问题对中国国际旅游市场的积极作用。

第三类研究描述了特殊事件背景下的游客风险感知情况。在各种灾难性事件频发的背景下，人们逐渐意识到参加知名活动可能是一种高风险的行为。例如，2013 年 4 月波士顿马拉松比赛期间以及 2015 年 11 月在巴黎法兰西体育场均发生了恐怖袭击事件（Walters et al.，2017）。因此，部分学者针对特定赛事开展期间的游客风险感知展开了调查，如 Barker 等（2003）对 2000 年新西兰奥克兰美洲杯帆船比赛举办期间，游客对目的地犯罪和安全风险的感知情况进行了调查。Schroeder 等（2013）和 Walters 等（2017）则分别对 2012 年以及 2016 年夏季奥林匹克运动会期间的游客风险感知情况进行了研究。此外，随着信息时代的到来，电子商务背景下的游客风险感知也引起了学者们的注意，DeFranco 和 Morosan（2017）探讨了游客对移动设备与酒店网络连接后的网络安全风险的感知情况。Park 和 Tussyadiah（2017）研究了游客在使用智能手机进行旅游产品预订时的风险感知情况，并最终识别出了时间风险、财务风险、性能风险、隐私/安全风险、心理风险、物理风险和设备风险七个主要的风险感知类别。

2）游客风险感知的影响因素研究

游客的风险感知是游客对于客观环境的主观判断过程，因此，不同游客个体以及相同游客在不同外部环境影响下对同一类风险的感知情况都可能存在差异。为了探究不同因素对游客风险感知类别和强度的影响作用，学者们就游客风险感知的影响因素展开了激烈的讨论。

一部分研究从内在的主体特征出发，研究了游客所处的社会文化背景、社会人口学特征、游客心理学和生物学特征是否以及如何对其风险感知过程产生影响（Yang and Nair，2014）。在社会文化背景层面，Barker 等（2003）的研究证明了国内和国际游客对旅游过程中犯罪风险的认知存在明显差异，佐证了国家间的文化背景差异对于游客风险感知的影响作用；在社会人口学特征层面，李锋（2008）、章杰宽（2009）以及 Mansfeld 等（2016）的研究分别验证了游客的性别、年龄以及宗教信仰对其风险感知的影响作用，Rittichainuwat 和 Chakraborty（2009）以及 Rittichainuwat 等（2018）的研究则分别证明了游客对自然灾害风险和疾病风险的感知均与先前的旅行经验有关；在对游客心理学影响作用的讨论中，Plog（1974）根据游客的个性将游客群体分为自向型（psychocentrics）游客和异向型（allocentrics）游客两类，并指出保守型游客更加喜欢熟悉的、安全的旅游环境，非自我为中心型游客则喜欢追求新奇的具有风险的旅游体验，证明了心理特征在塑造游客风险承受能力和风险感知上扮演的重要角色；最后，Dickson 和 Dolnicar（2004）以冒险旅游为背景，研究发现寻求风险体验的个性可以归因于个体的 DNA 序列，证明了游客的生物学特征也会对其风险感知产生影响。

游客对于风险的感知情况不仅会受到内在的主体特征影响，也会被外界环境干预。因此，部分研究从外部视角出发，就不同的外界环境条件如何对游客风险感知产生影响展开了讨论。例如，国内学者陈永昶等（2011）讨论了导游与游客之间的交互质量对游客风险感知的影响作用机制，研究发现，更加正面的导游行为和更加专业的技能水平能够有效降低游客对个人风险（包括人身风险、时间风险、绩效风险、财务风险）的感知。Brown（2015）关注了新闻媒体在游客风险感知形成过程中的重要角色，并通过实证研究证实了长期的负面媒体报道会增加潜在游客对目的地的风险感知程度。Kapuściński 和 Richards（2016）则以具体的恐怖主义和政治不稳定风险为例，对媒体报道在游客风险感知过程中的影响作用进行了更深入的讨论，研究同样发现风险夸大型（缩小型）的报道与更高（更低）的风险感知程度相关。杨钦钦和谢朝武（2019）以负面安全事件导致的冲突为研究情景，研究证实了目的地积极好客的旅游环境对游客的安全感知具有正向的调节作用。

3）风险感知对游客行为决策的影响作用研究

对游客风险感知展开系统性研究的最终目的是为旅游风险管理提供科学依据。其中，探究游客风险感知对其自身行为决策的影响作用，对提高风险管理效率意义重大。相关研究中，一部分学者从整体视角出发，对游客风险感知水平的影响作用进行了探究。例如，Sönmez 和 Graefe（1998）对国际度假旅游决策过程中风险感知水平的影响作用进行了探究，研究结果证明风险感知水平直接影响了游客国际度假目的地的选择。Yüksel A 和 Yüksel F（2007）的研究工作验证了旅游风险感知与购物满意度以及忠诚度意愿之间的反向联系。Wong 和 Yeh（2009）通过实验证明了游客的风险感知会加剧他们在目的地决策中表现出的犹豫程度。

另一部分研究则从具体的风险因素视角出发，识别了对游客旅游决策具有影响作用的关键风险感知类别。例如，George（2003）发现游客是否会再次访问同一个目的地与他们感知到的安全风险密切相关。Chew 和 Jahari（2014）的研究以灾后日本国际游客为分析对象，调查结果表明游客感知到的社会心理风险和经济风险会对其目的地认知情感和感知形象产生影响，而身体风险虽然对目的地形象的解释性不强，但会直接影响游客的重新访问意图。Olya 和 Al-Ansi（2018）以清真餐厅的食客为调查对象，对影响游客满意度的风险感知类别进行了识别，研究发现游客感知到的健康、心理、环境、品质和时间风险对消费者的满意度有显著影响，对健康、心理、环境和财务风险的感知程度与产品推荐度和忠诚度显著相关。程励和赵晨月（2021）对疫情期间游客的旅游风险感知进行了调研，研究发现，新冠疫情背景下，游客在户外旅游过程中对感染疾病风险的感知明显，且这种感知与旅游过程中游客能接受的拥挤水平相关，风险感知程度越高，拥挤可接受水平越低。

上述两类研究分别从不同风险感知分析粒度上证明了游客目的地风险感知对游客目的地形象认知、目的地选择、购物忠诚度、旅游满意度以及再次访问意向等游客行为决策过程都具有不容忽视的影响作用，因此，实施积极的风险管控策略，降低游客风险感知应成为目的地旅游管理者首要的管理策略。

　　4）真实风险对游客行为决策的影响作用研究

　　和风险感知相比，游客旅游风险研究中对真实风险的讨论相对较少，相关研究也主要聚焦在对风险影响作用的探究上。具体来说主要包括在经济危机等特定风险事件发生后，对游客旅游意向和旅游行为的变化情况进行描述。例如，Alegre 等（2013）、Campos-Soria 等（2015）以及 Eugenio-Martin 和 Campos-Soria（2014）的研究分别以西班牙和欧盟 27 国 165 个地区为例，探讨了 2009 年全球经济危机期间游客是否以及如何削减旅游支出，研究发现游客的确会在经济危机发生后做出削减旅游支出的决策，且这种决策与游客所在地的社会经济特征（如GDP、GDP 增长率）以及气候条件相关。此外，Campos-Soria 等（2015）的研究还对游客削减旅游支出的途径进行了统计和描述，作者发现游客会通过减少逗留时间、选择更便宜的住处、选择离家更近的旅游目的地三个主要途径减少旅游支出。

　　2020 年新冠疫情的全面暴发使得旅游变得"奢侈"，围绕疫情对游客旅游意向影响作用的研究成为这个子领域内新的热点。例如，Wachyuni 和Kusumaningrum（2020）对印度尼西亚雅加达地区的潜在游客进行了在线问卷调查，考察了在疫情结束后游客的旅行意向。研究结果表明大多数受访者愿意在疫情结束后的 0～6 个月恢复旅游活动，且意向中的旅游活动是大约持续 1～4 天的短期旅游。此外，在众多旅游类型中，受访者希望疫情结束后能够开展更多的自然旅游，这一结论在 Kock 等（2020）的研究中也得到了证实。

2.2.2　企业主体旅游风险研究

　　和游客相比，目前旅游风险研究领域对企业主体的研究还相对较少。总体上来看，对旅游企业风险的研究主要可以归纳为以下三个主题。

　　1）企业特征对其风险状况的影响作用研究

　　企业作为一个复杂的整体，其组织架构、管理模式及业务实践都可能对其风险承受能力及不同风险的发生概率产生影响。因此，为了探究不同的企业特征对其风险状况的影响作用，学者们开展了丰富的研究和实践。

　　从具体的研究对象来看，相关研究主要包括对企业广告支出（Hsu and Jang，2008）、人力资源管理实践（Park et al.，2017b）以及多元化经营战略（Park et al.，2017a）等企业特征的讨论。同样在多元化的视角下，张运来和王储（2014）针对我国旅游上市企业普遍存在的多元化经营现象，以 23 家 A 股上市企业为样本，利用多元回归分析法检验了多元化经营对企业风险的影响，研究表明旅游企业的相关多元化水平能够有效降低公司的财务风险，但对缓解其经营风险却无能为力，而非相关多元化水平对上述两类风险都无法产生积极的影响。研究结果对旅游上市企业制定合理的多元化战略具有重要指导作用。

2）风险事件对企业发展的影响作用研究

风险事件的发生通常会伴随着一定的影响，了解不同风险事件对企业发展的影响作用是企业制定合理的风险管控策略的重要一环。因此，为了刻画风险对企业发展的影响作用，学者们从真实风险和风险测度的视角出发开展了相关研究工作。

例如，Chang 和 Zeng（2011）聚焦于恐怖袭击风险，以美国历史上发生的恐怖活动为分析对象，研究了其对酒店企业股票收益的影响。实验结果表明，在控制了恐怖事件类型、死亡人数、事故地点以及市场风险等变量后，在恐怖活动发生后，酒店行业的股票收益仍然会呈现出明显的上升趋势，他们的研究证明了并不是所有的风险都意味着损失。Craig（2019）针对旅游活动易受气候变化风险影响的客观事实，就极端气候事件如何影响企业业务开展了相关研究。通过对两个位于美国热门目的地的露营企业的实证研究，作者验证了气候变化对露营地每日入住率的重要影响。鉴于旅游行业的跨国业务属性，Lee 和 Jang（2011）对旅游企业的外汇风险来源及其对企业活动的影响作用进行了刻画。研究发现，货币价值变动引发的需求波动使得众多旅游企业面临着外汇风险，而企业的融资和投资活动会间接受到现金流波动的影响。

除了风险事件外，部分研究还就不确定性对旅游企业发展的影响作用进行了刻画。例如，Demir 和 Ersan（2018）以及 García-Gómez 等（2022）分别以土耳其和美国为例，分析了经济政策不确定性对旅游企业业绩的影响。他们的研究发现，经济政策不确定性会显著影响企业的股票市场表现，且相比之下，低绩效企业（资产回报率和股本回报率位于下四分位数的企业）受到的影响较小。国内学者王琪延和高旺（2020）分析了经济政策、地缘风险、金融压力三种不确定性对我国旅游企业的动态影响。研究发现，经济政策不确定性对景区类企业影响最大；地缘风险会对旅行社类企业造成明显的下行冲击，而对景区和酒店类企业存在一定的正面影响；金融压力的加剧会给景区和旅行社类企业带来较强的不良影响，金融压力缓和对两类企业发展均有积极作用。

3）企业风险管理和应对策略研究

进行企业特征对其风险承受能力的影响研究，以及风险事件对企业发展影响作用研究都是为了实现更加完善的企业管理。如何基于上述研究成果搭建合理的管理框架，配套科学有效的管理策略，是企业风险研究的重要课题。

回顾现有的相关研究，学者们主要从模型创新（Oroian and Gheres，2012）和政策优化（Paraskevas and Quek，2019）的视角出发，为旅游企业更好地了解、应对和防范各类风险事件提出了新思路和新方案。例如，del Mar Alonso-Almeida 和

Bremser（2013）以酒店行业为分析对象，对可行的金融危机缓解措施进行了讨论。研究结果表明，专注于高品质、拥有正面的品牌形象和忠诚客户群体的酒店在危机应对能力上表现突出，营销支出的增加也能在一定程度上减轻危机的负面影响。因此，作者建议酒店企业应该专注于质量、努力提高品牌形象、加强对忠诚客户的依赖，并增加营销支出以应对金融危机。同样类型的研究还包括对违约风险（Li et al.，2013）、自然灾害风险（Dahles and Susilowati，2015）、赞助风险（Johnston，2015）等风险应对和防范策略的探讨。

2.2.3　目的地主体旅游风险研究

目的地是旅游活动开展的基础，有效的目的地旅游风险测度和应对则是旅游活动健康有序运作的保障。目前，对目的地主体的旅游风险研究主要包括风险事件对目的地旅游市场的影响作用研究、目的地旅游需求预测以及目的地风险管理和应对策略研究三个主要内容。

1）风险事件对目的地旅游市场的影响作用研究

目的地作为旅游活动开展的服务和资源载体，极易受到多种外界风险因素的干扰。复杂多变的风险严重威胁着目的地旅游活动的顺利开展，充分了解各类潜在的风险威胁是实施有效风险管理措施的基础。为了能够有效应对各类风险事件，保障目的地旅游市场的健康运作，了解和测度不同风险对当地旅游行业的影响作用是一项必要的工作，已成为目的地主体旅游风险研究的核心议题之一。

相关研究主要依赖计量经济学模型，通常以客流量、旅游收益等游客需求数据及旅游行业股票数据作为目的地旅游发展的替代变量。研究关注的风险类型以外部冲击带来的系统性风险为主，主要包括恐怖袭击、自然灾害等危机事件风险（Cioccio and Michael，2007；Liu and Pratt，2017；Paraskevas and Arendell，2007；Rosselló et al.，2020），气候变化、空气污染等环境风险（Deng et al.，2017；Toimil et al.，2018），经济危机（Jin et al.，2019；Song et al.，2011）以及政治风险（Poirier，1997；Saha and Yap，2014）等。例如，Saha 和 Yap（2014）基于 139 个国家 1999 年至 2009 年间的面板数据，分析了政治不稳定与恐怖主义之间的相互作用对目的地旅游市场发展的影响。结果表明，政治不稳定对旅游业的影响远比一次性恐怖袭击事件严重得多。对于面临较高政治风险的国家，恐怖袭击事件会对其旅游业务产生显著的抑制作用，而中低政治风险国家的旅游需求在恐怖袭击事件的影响下可能会增加。考虑到国际旅游业极易受到外部政治、经济和环境危机事件的影响，Rosselló 等（2020）将自然和人为灾害事件的数据纳入对国际游客流量的解释模型中，以评估不同类型的灾害对国家层面的国际游客的影响。研究结果证明，不同类型事件的发生在不同程度上改变了游客流量，虽然在某些情况下灾害的发生会对旅游客流量产生积极的影响，但总的来说，灾害事件将导致游客量的显著降低。

2）目的地旅游需求预测

旅游需求作为马斯洛需求层次理论中的高层次需求，容易受到多种因素的影响，呈现出很强的波动性（陈荣等，2017）。这也是上述各类风险事件对目的地旅游行业产生影响的根本原因。为了有效应对需求波动风险，为目的地旅游资源配置和政策制定提供科学有效的引导，目的地旅游需求预测研究应运而生。

旅游需求预测的最终目标是达到更高的预测精度，而为了实现对预测精度的优化，研究进行了丰富且多样化的尝试，但都脱离不了模型算法和预测数据两个核心渠道。从模型算法层面来看，在旅游预测研究的早期，因果模型（计量经济学模型和空间模型）、时间序列模型和各种定性方法构成了当时主流的预测模型（Witt and Martin，1987；Witt S F and Witt C A，1995）。进入 21 世纪以来，随着计算机科学的快速发展，旅游需求预测的模型方法主要可以划分为四个主要类别（Song et al.，2019），包括三种量化方法，即时间序列模型、计量经济学模型和基于人工智能的模型（章杰宽和朱普选，2013；Goh and Law，2011；Peng et al.，2014），以及一种既可以用于定性预测，也可以用于定量预测的判断方法（Lin and Song，2015）。

在预测数据层面，早期的旅游需求预测严重依赖于政府公布的结构化统计数据，如历史游客到达量、GDP、居民收入、相对价格等（Chu，1998；Greenidge，2001）。然而，随着研究的逐渐深入，学者们发现此类时序数据低频、滞后的固有特征无法有效捕捉旅游需求的高波动性（Huang et al.，2017），更高精度的旅游需求预测对预测数据提出了新的要求。随着信息技术的发展和网络时代的到来，互联网大数据为实现高精度的旅游需求预测提供了新思路，它能够实时监测游客行为，既克服了传统时序数据滞后发布的弊端，还弥补了难以捕捉游客需求高波动性的短板。因此，互联网大数据作为传统数据源的有效补充成为近年来新的研究热点（Choi and Varian，2012；Wamba et al.，2015）。

综观现有的以网络大数据作为数据支撑开展的旅游需求预测研究，应用最广泛的两类数据分别为网络搜索数据（Dergiades et al.，2018；Yang et al.，2015b）和网站流量数据（Gunter and Önder，2016；Pan and Yang，2017；Yang et al.，2014）。除上述两类主流的数值型大数据外，新闻报道、在线评论、社交平台等媒体数据也开始在旅游需求预测中显示出较好的预测能力（Önder et al.，2020）。此外，考虑到单一数据源难以全面刻画游客复杂的旅游需求动机，多源大数据相结合的旅游需求预测模式成为最新的研究热点，相关研究也证明了不同来源的大数据间的信息互补对提高旅游需求预测精度和稳健性具有积极作用（Li et al.，2020b；Önder，2017；Pan and Yang，2017）。

3）目的地风险管理和应对策略研究

在有效识别和精准测度的基础上，制定合理的目的地风险管理和应对策略是目的地旅游风险研究的最后一环。

相关研究中，学者们普遍以不同类型的风险事件为落脚点，针对特定风险提供了有针对性的管理建议。从所研究的风险类别来看，对自然灾害风险的管理机制的讨论最为激烈（叶欣梁等，2010；Becken and Hughey，2013；Cioccio and Michael，2007；Faulkner，2001），如国内学者叶欣梁等（2010）对我国重点旅游目的地的自然灾害风险损失以及为了弥补相关损失需要的管理投入进行了核算，并在此基础上提出了由游客、企业、政府和当地居民共同参与合作的，四位一体的自然灾害风险管理框架。除自然灾害风险外，健康风险（Donohoe et al.，2015）、气候变化风险（Ruhanen and Shakeela，2013）、经济风险（O'Brien，2012）等也是目的地风险管理研究探讨的焦点。

此外，还有少数研究跳出了风险类别的限制，从更加宏观的研究视角为目的地整体的旅游风险提供了管理模型和治理框架的参考。例如，Shaw（2010）的研究为目的地旅游风险管理提供了一个普适性的实践框架，并指出面对不同的风险，管理者可以通过风险缓释（主要针对运营风险、投诉风险等）、风险转移（通过保险等手段将风险转移给另一方，适用于自然灾害风险等）、风险规避（通过改变计划等尽可能消除风险发生的条件，适用于竞争风险）、风险共担（通过建立合作伙伴关系来分担风险）以及风险共存（对于损失成本可接受或发生概率不是很高的风险可选择接受，如气候变化风险和汇率波动风险等）等手段进行有针对性的响应。随着信息技术的渗透和互联网的快速发展，网络平台为旅游交易和服务带来便利的同时，也成为危机信息传播的重要介质，对目的地风险管理提出了更高的要求。阮文奇等（2020）以2017年九寨沟地震为例，探讨了目的地自然灾害危机信息的网络扩散规律，并从预警、监管以及应急层面提供了应对危机信息扩散的风险管理建议。

2.2.4　研究评述

旅游风险的多样性和复杂性给旅游风险识别、刻画和监管带来了挑战，本节在对现有的旅游风险研究文献进行梳理后发现，尽管相关研究已经相对成熟和丰富，但仍然存在以下几个未来可以继续优化和改进的方面。

（1）游客作为旅游行业的重要利润制造者，是旅游风险研究中的主要分析对象。为了激发更广泛的旅游需求，研究对游客前往目的地旅游的风险感知展开了热烈讨论。然而，正如2.1节所提到的，主体的风险感知是一个主观判断的过程，极易受到主体内部特征和外界环境的影响。因此，游客的风险感知类型和程度极有可能会随着旅游活动进程的不断推进而发生变化。现有研究大多都聚焦于对某类特定的风险事件（如自然灾害、恐怖袭击）发生后或某一特定时点下（如前往目的地旅游前或旅游后）游客静态风险感知情况的探究。很少有研究考虑了风险感知的动态性，少数相关研究也碍于数据获取的成本和效率问题，仅对部分风险因素展开了讨论，尚未实现对目的地风险感知全貌的动态刻画。

（2）目前对企业主体的旅游风险研究主要都是围绕真实风险事件开展的，和丰富的游客风险感知研究相比，企业风险感知识别还处于一个相对空白的状态，如何从数据获取到分析技术等层面实现对企业风险感知的有效识别是一个有待研究的课题。此外，由于风险感知识别问题尚未得到有效解决，对其影响作用的进一步研究也一直是一个相对空白却充满价值的课题。考虑到深入了解企业面临的风险因素对优化企业风险管理战略和降低信息不对称的重要作用，有效的旅游企业风险感知因素识别及其影响作用测度迫在眉睫。

（3）目的地旅游需求预测作为有效的需求波动风险管控手段，更合理的预测策略和更高的预测精度始终是学者们追求的目标。因此，在目的地主体的三个主要研究分支中，目的地旅游需求预测也自然成为研究相对较多、优化空间也相对较大的子课题。从文献综述中可以看出，用于预测的数据正在经历从传统时序数据向大数据转变的过程，尤其是多源大数据的应用正在成为大数据旅游需求预测的重点努力方向。在此背景下，如何筛选并组合不同的数据源，为需求预测提供更多的补充信息，从而实现更高的预测精度，成为一个值得讨论的问题。

从当前的研究状况来看，数据作为实验分析的基础，在成为各旅游主体风险研究进一步深化和拓展的重要瓶颈的同时，也创造了新的研究机遇。信息时代，多元化的大数据带着大量潜藏的信息喷涌而出，为旅游风险的识别和管理提供了新的研究思路。在这样的背景下，本书拟基于多源大数据，针对各旅游主体开展旅游风险研究，为各主体目前存在的主要风险研究困境提供新的解决方案。本书拟进行的具体研究内容包括：首先，针对旅游企业风险感知难以全面识别的问题，引入年报中的风险披露文本数据和文本挖掘技术，解决企业风险感知识别在数据获取和分析技术上的障碍，并在此基础上，进一步探究不同风险感知因素的披露对投资者信心强度的影响作用，弥补现有研究的空白；其次，针对目的地旅游需求波动性强的现实问题，从游客旅游需求的生成机制出发，提出一种基于多源数据的目的地旅游需求预测框架，为目的地更好地防范和应对需求波动风险提供参考依据；再次，引入问答和游记文本数据，实现对游客旅游前后风险感知动态变化过程的全面有效识别，解决风险感知动态化研究相对缺失，而基于调查问卷开展的相关研究数据获取成本高且容易存在样本偏差等问题；最后，本书将以生态旅游为例,从多主体交互视角出发,探讨国家公园等新兴生态旅游产品的风险管理实践。

　　本书的研究成果对游客群体、企业管理者、投资者以及目的地政府部门等旅游行业的利益相关者都具有潜在的参考价值。例如,企业层面的风险感知识别不仅可以帮助企业管理者深入了解日常运营过程中的主要风险威胁,还可以缓解企业与投资者间的信息不对称,降低权益成本。通过对其影响作用的进一步探究还可以帮助企业识别不同风险因素的影响作用,助力企业更好地提高风险管理效率。对游客风险感知动态变化过程和目的地旅游需求预测的研究,则可以帮助企业和目的地管理者更好地了解游客对目的地风险感知的形成与校正过程以及旅游需求的生成机制,为更优的旅游资源配置、目的地形象宣传策略的制定等提供参考依据。对生态旅游风险的探讨则能够在清楚了解不同主体利益诉求和风险状况的前提下,为国家公园等新兴旅游产品的体制机制设计和风险管理决策提供科学的指导。总而言之,对各主体风险问题的探究能够帮助利益相关者更清晰地认知旅游行业风险特征、来源、现状和可能的解决方案,有利于旅游行业的健康发展。

2.3　主要研究内容

　　旅游业作为一个对风险高度敏感的行业,其健康发展高度依赖于完善的风险研究体系。在旅游活动日益常态化的今天,深入了解各主体在旅游参与过程中所面临的主要风险困境并尝试寻求适当的解决方案,对于提高旅游服务质量,保障行业顺利发展具有至关重要的意义。本书从旅游行业多主体视角出发,以企业年报风险披露数据、百度指数、新闻媒体报道、在线评论等多源数据为支撑,针对游客、企业和目的地三大核心主体开展旅游风险研究,为各主体的旅游风险识别和测度研究提供新的解决方案。并以国家公园为例,对生态旅游活动开展过程中的多主体风险管理等现实问题进行讨论。本书主要包括六个核心工作,具体的研究内容如图 2-2 所示。

　　第 3 章从游客主体视角和风险识别环节出发,将游客旅游前发布的在线问答数据以及旅游后发布的游记文本数据引入研究框架,借助情感分析、主题识别等自然语言处理技术,解决了游客风险感知动态性难以捕捉的问题,实现了对游客前往目的地旅游前后风险感知动态变化过程的刻画,进一步加深了对游客目的地风险感知形成和动态调整过程的了解,为管理者形成更加科学的目的地形象宣传策略提供了重要参考依据。

　　从企业主体视角出发,本书开展了两项研究工作。第 4 章聚焦于风险感知识别环节,针对旅游企业风险感知难以全面识别的研究问题,将年报中的风险披露文本

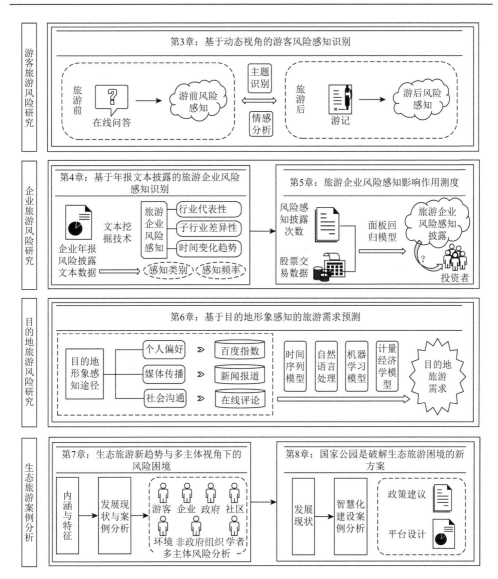

图 2-2　主要研究内容示意图

数据引入旅游风险研究领域，并借助文本挖掘技术以及"困惑度指数 + 主题相似度算法 + 入侵者实验"相结合的多维主题数优化策略，解决了旅游企业风险感知识别在数据源和分析技术上的障碍，实现了对旅游企业风险感知因素类别及其感知频率的全面有效识别，并通过行业和时间维度的对比分析刻画了风险因素的行业代表性、子行业间的差异性和时间变化趋势，搭建了全面深入了解旅游企业风险特征的桥梁。第 5 章聚焦于风险测度环节，在企业风险感知识别的基础上，融合了能够表征投资者信心强度的股票交易数据，通过构建回归模型，进一步测度了企业不同风险感知因素的披露对投资者信心强度的影响作用，弥补了旅游企业风险感知影响作用测度的空白，并结合第 4 章中企业对不同风险因素的感知频率，将风险因素按照感知强度和是否会对投资者信心强度产生负面影响进行了详细分类，为企业更有针对性地进行风险管理提供了重要参考。

第 6 章从目的地主体视角和风险监测环节出发，在消费者行为理论的引导下，通过分析游客旅游需求的生成机制，提出了游客的旅游需求主要受目的地形象感知影响，且旅游前目的地形象感知主要来源于个人偏好、媒体传播及社会沟通的理论体系，并搭建了能够有效刻画游客形象感知和信息获取途径的多源网络大数据旅游需求预测框架。第 6 章研究弥补了传统时序数据发布滞后、更新频率低、刻画作用单一的局限性，为目的地精准的旅游需求预测和科学的需求波动风险的防范与治理提供了新的解决方案。

第 7 章和第 8 章通过案例分析的方式，对我国在生态旅游前沿探索过程中的多主体风险困境进行了系统分析，讨论了国家公园对破解生态旅游困境的有用性，以及我国国家公园建设关键时期面临的发展瓶颈和相应的解决方案。此研究成果对加快建成以国家公园为主体的自然保护地体系具有一定的参考价值。

2.4　创新性工作

旅游行业极易受到多种风险因素的干扰，旅游活动和风险之间也呈现出了复杂交错的内在联系，对旅游行业的健康发展提出了新的挑战。本书围绕如何实现更加完善的旅游风险管理进行了实证研究，以多源大数据为支撑，为不同主体在旅游活动参与过程中的关键风险问题提供了新的解决思路，为营造更加安全、可控的旅游环境提供了参考依据。本书的创新点主要包括以下五个方面。

（1）总结提出了基于多源数据的多主体旅游风险研究框架。厘清了旅游风险的主要作用对象及其关联性，并通过将企业年报风险披露文本等大数据引入旅游风险研究领域，为各主体在风险识别和风险测度层面的研究难题提供了新的解决思路。

（2）构建了"困惑度指数 + 主题相似度算法 + 入侵者实验"相结合的多维主题数优化策略，克服了旅游企业风险识别在分析技术上的障碍，实现了对旅游企业风险感知的全面识别与影响作用测度，为利益相关者全面深入了解旅游企业的风险状况提供了有效信息。

（3）引入游客旅游需求生成机制，构建了多源网络大数据旅游需求预测框架，弥补了传统时序数据低频、滞后、片面的固有弊端，实现了更高精度的旅游需求预测，为更加合理的目的地需求波动风险应对与防范提供了新的解决方案。

（4）提出了基于"问答＋游记"文本大数据的动态游客风险感知识别框架，解决了风险感知动态性难以有效捕捉的问题，实现了对游客旅游前后风险感知动态变化过程的刻画，为更加科学的目的地旅游形象宣传提供了参考依据。

（5）从多主体维度出发，对我国生态旅游前沿探索过程中的关键风险困境进行了系统分析。在此基础上，进一步讨论了国家公园在生态旅游体系优化过程中的重要作用及其面临的发展困境，为更加完善的生态保护地体系建设提供了政策建议。

第3章 基于动态视角的游客风险感知识别

游客对于目的地的感知已经超过客观环境成为影响游客目的地选择的重要因素，而风险感知在解释旅游行为上被认为比感知价值更具说服力（许晖等，2013；Roehl and Fesenmaier，1992）。因此，了解游客目的地旅游风险的形成和变化过程，对于目的地旅游市场的健康发展至关重要。本章从风险感知动态变化的理论基础出发，借助游客自主发布的问答和游记文本数据，在克服了调查问卷等传统方式数据收集成本较高且容易存在样本偏差等难题的前提下，实现了对游客前往目的地旅游前后风险感知的动态变化过程的描述。

3.1 引　　言

目的地作为旅游活动的重要载体，是游客产生旅游意向的必要条件。同时，风险易感性的特征也使得目的地极易受到多种风险事件的袭击（Fuchs et al.，2013），如何感知这些风险将成为游客目的地选择和满意度塑造过程中的重要影响因素（张晨等，2017）。由于风险感知是主体对于风险的主观判断过程，因此游客对于目的地的风险感知实际上是独立于目的地真实风险情况而存在的。从社会心理学的视角来看，当目的地的地理距离较远、文化差异明显、面临的风险因素较多且缺乏充足的信息传播途径时，游客很容易在自身因素和外部环境的影响下对目的地风险产生感知偏差，并因此做出存在较大偏误的旅游决策（许峰等，2019；Mitchell，1999）。因此，正确识别并合理校正游客对于目的地的风险感知十分重要。

游客对于目的地的风险感知是一个动态变化的过程（Fischhoff et al.，1984），同一主体在旅游过程不同阶段的目的地风险感知目的、方式、内容、特点都各不相同。风险沟通理论认为，当主体接收到更多的信息时，其风险感知可能会随之发生变化（Fischhoff，1995），因此，对于游客来说，旅游前对目的地形成的由风险事件、媒体报道、游客评价等外界因素塑造的初始风险感知，与到达目的地后亲自体验形成的再评估风险感知之间可能存在显著差异（Tasci and Gartner，2007）。这些差异可能来自风险放大效应，也可能来自游客对于目的地风险的乐观估计（Kapuściński and Richards，2016；Slovic，1987）。目的地风险感知是游客旅游行为的重要影响因素，研究表明，游客的风险感知与旅游行为之间存在清晰的关系

（Karl，2018；Yang and Nair，2014），旅游前过于放大的风险感知可能会成为阻止游客前往目的地的关键因素（Wong and Yeh，2009），而过于乐观的风险感知则可能会为游客旅游过程中的生命财产安全和目的地满意度埋下隐患（Xie et al.，2020a）。因此，了解游客对于目的地风险感知的动态变化过程，识别旅游前后风险感知的差异十分必要。

　　游客作为目的地旅游行业的服务客体和利益来源，对其风险感知的识别研究一直都是旅游领域研究的重要分支，受到了学者和行业管理者们的广泛关注（Wolff et al.，2019；Yang and Nair，2014）。如第 2 章所述，目前对游客风险感知的识别研究大部分都是基于截面数据刻画在数据收集时刻游客对目的地的静态风险感知情况（Rogers，1997），为帮助目的地旅游管理者了解游客风险感知类别及群体差异做出了理论贡献（Yang et al.，2015a）。然而，静态风险感知研究默认游客对于目的地的风险感知在不同时间点是相同的，忽略了主体风险感知的动态变化过程。为了对目的地风险感知的动态性进行描述，一部分研究者以具体风险事件的发生时间为关键节点，研究了风险事件发生前后及事件演化过程中的游客风险感知的变化过程。例如，Zimmermann 等（2013）使用视觉心理测试方法对 314 名前往热带和亚热带目的地的旅行者进行了旅行前后 9 项健康风险感知的调查。Tardivo 等（2020）通过调查问卷和电话访谈的形式对医疗旅游过程中游客在旅游前后对 8 种健康风险的感知变化。Xie 等（2020a）在探究舆论氛围对风险感知影响作用的调节效果时，区分了游前和游后风险感知的差别，并发现随着游客获得目的地的实际亲身体验，旅游结束后游客对目的地的 5 类风险感知得到了有效校正，和游前相比呈现出了明显的降低趋势。国内学者李艳等（2014）通过对比游客前往西藏旅游前后的风险感知也得到了相似的结论，他的研究发现游客在到达西藏后自然风险和社会风险感知都明显降低。

　　与静态研究相比，动态的目的地风险感知研究证明了游客的风险感知在旅游前后存在差异性，对进一步了解游客风险感知的形成和调整机制具有很好的启发作用。然而，正如上述研究工作都提到的那样，他们的研究数据主要通过调查问卷和访谈等形式获取，数据收集时间成本高，样本相对较少，可能会导致样本偏差的存在，这是未来研究工作中应该重点关注和克服的局限。此外，由于调查问卷一般会对风险感知的类别进行预设，容易受到设计者知识的限制，无法实现对目的地风险感知全貌的系统性识别。为了解决上述两个问题，本章将游客在旅游前后自主发布的在线问答数据和游记数据纳入研究框架，借助文本分析技术对游客前往目的地旅游前后的风险感知进行识别，并通过对比分析进一步探究游客前往目的地旅游前后风险感知重要性的相对变化趋势，描述二者之间的差异和校正过程。

本章的研究贡献主要包括以下几个方面：①引入问答和游记数据，其具有覆盖面广、样本量大、风险关注点自发且多样的数据特征，为解决样本偏差问题和刻画风险全貌提供了有效的解决方案；②基于文本大数据并借助文本挖掘技术实现了对游客旅游前后目的地风险感知的识别和对比分析，探究了风险感知的动态变化过程，成功捕捉了风险因素在旅游前后相对感知重要性的变化；③研究结果不仅可以作为补充信息来引导游客形成更加客观的游前风险感知和更加合理的旅游产品预期，也可以为管理者及时调整目的地形象宣传策略和风险管理手段提供参考依据，从而促进目的地旅游行业的健康快速发展。

本章剩余部分的结构安排如下：3.2 节对相关概念进行了梳理和界定，并对游客旅游前后目的地风险感知形成过程进行了描述；3.3 节描述了研究对象、数据来源及风险感知识别方法；3.4 节分析了实证结果；3.5 节展现了主要结论和管理启示。

3.2　研究背景及理论基础

3.2.1　担忧、风险感知和目的地形象

本章将游客发布的问答和游记数据作为游客旅游前后风险感知的分析数据源，可能会存在以下两个争议：①问答描述的是担忧还是风险感知；②游记塑造的是风险感知还是目的地形象。本节将对相关概念进行辨析。

风险感知这一理论在消费者行为研究领域受到广泛的研究关注已经有60 余年的历史，但始终没有一个被普遍认可的关于风险以及风险感知的确切定义。如第 2 章所述，目前学术界普遍认可的风险感知的三个要素为：主观感受、消极后果和对消极后果发生概率及其造成的损失的评估/估计，而担忧一词一般被看作害怕和焦虑情绪的重要组成部分，它本身更倾向于将模糊不清和充满不确定性的未来视作一种威胁（Butler and Mathews，1983）。由于消费者通常很难准确报告他们对风险概率的测算，因此研究者有时会将风险感知概念化为担忧（Fuchs et al.，2013），认为风险感知和担忧之间存在着必然的关联性。但也有研究者对二者之间的关联性提出了质疑，并坚持风险感知和担忧之间存在着本质的差别，他们的观点认为担忧是对不确定性的忧虑，是导致焦虑的重要因素，涉及了不愉快的情绪，而风险感知是对风险发生概率和结果的判断，因此它们一个是对不确定性的情绪反应，一个是对风险的认知反应（Lepp et al.，2011；Rundmo，2002；Sjöberg，1998；Wolff and Larsen，2014）。但是从风险感知的定义来看，它是对超过主体自身承受范围的负面结果的感知，而超过承受范围的负面结果本身就是一种负面情绪，此外，本章采取了更宽容的

风险定义，将旅游过程中面临的所有风险和不确定性都纳入了旅游风险的范围，进一步弱化了风险感知和担忧之间的差异性。

本章不进一步讨论问答数据中描述的到底是风险感知还是担忧。理由如下：一方面，难以对游客发布的问答数据进行风险感知和担忧的精确区分；另一方面，实验关注的是旅游前后游客对风险点关注度的变化，因此，无论游客是对不确定性感到担忧还是认为风险会发生，都会成为游客和目的地间的阻碍因素，并不会对实验结果产生影响。出于同样的理由，虽然游记等游客在线生成的文字内容被认为是塑造目的地形象的重要数据源，但由于测度目的地形象的认知属性和测度风险感知的认知属性是一致的（Perpiña et al.，2019），且游客风险感知是目的地形象塑造的重要环节（Xie et al.，2020a），因此无论是积极的目的地形象（如认为目的地很安全）还是消极的风险感知（如认为目的地存在着很高的安全风险），对本章而言，都可以认为是对安全风险的关注。

因此，本章将采用更广义的定义来描述风险感知，即游客对影响游客旅游决策和满意度的目的地属性、服务和风险的感知和关注。

3.2.2　旅游前后目的地风险感知途径

旅游业是一个风险敏感型的行业，旅游活动极易受到多种外在因素的影响，如气候条件、当地人的不友好、健康威胁、语言障碍等（Fuchs et al.，2013），对这些风险的认知和评估将成为左右游客旅行决策和满意度的重要因素。

如图 3-1 所示，当游客对某一特定目的地产生旅游意向后，其针对该目的地的风险感知过程便开始了。旅游前，由于游客尚未抵达目的地，其风险感知主要以间接的方式进行，此时游客对目的地风险的认知大多来自政府宣传、新闻媒体报道、其他人的评论等二手信息（Xie et al.，2020a），此外，先前的旅行经验等积累的先验知识也是重要的补充信息。通过对这些信息的吸收，游客便形成了初始的风险感知，本章将其命名为"朴素风险感知"，它将成为游客旅游决策的重要影响因素。当朴素风险感知超出游客的可接受范围，则会成为阻隔游客和目的地的关键因素，在忽略其他可能的影响因素的前提下，若朴素风险感知在游客接受范围内，游客便会前往目的地旅游。

当游客到达目的地之后，游客有了亲自接触目的地的机会，此时游客通过与目的地的互动，用直接感知的方式获取了关于目的地风险的一手信息（Gartner，1994），并在初始风险感知的基础上不断修正补充形成了再评估风险感知，本章将其命名为"校正风险感知"。校正风险感知是影响游客目的地满意度的重要因素，而较高的满意度对激发游客的旅游意图具有正向影响（Jang and Feng，2007；Kim et al.，2009），同时，这部分感知将会作为先验知识为下一次游前风险感知的形成提供信息。

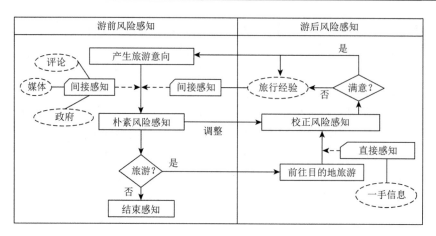

图 3-1　旅游前后游客目的地风险感知形成过程

　　鉴于游客游前和游后风险感知的方式（直接感知和间接感知）以及目的（是否前往目的地旅游和旅游满意度）都不一样，因此我们认为这两部分风险感知可能存在明显差异。通过将这两部分进行对比，可以刻画出游客旅游前后风险感知的动态调整过程，并识别出旅游前被游客放大或低估的风险因素。一方面可以帮助管理者进行目的地形象宣传，降低游客对夸大型风险的感知，或提醒游客主要防范哪些风险，提高对低估型风险的警惕；另一方面也可以为目的地风险管理措施的制定提供参考依据，管理者应重点关注在旅游后被感知加重的风险因素，以提高游客的满意度。

3.3　模型方法与数据

　　本章将按照如图 3-2 所示的实验框架开展相关的研究工作。本章研究将从数据自身的特征出发，分别采用人工标记、字典方法及情感分析等不同的技术处理手段挖掘隐藏在文本表述中的风险感知信息，并通过对比分析，描绘出游客前往目的地旅游前后风险感知的变化和校正过程，从而识别出被低估和夸大的关键风险因素。

　　首先，在数据层面，研究将问答和游记分别作为旅游前和旅游后游客风险感知识别的主要数据来源。其次，在方法层面，由于问答的文本长度较短、涉及的风险因素较少，且总体样本数量相对较小，因此更加适用于精度和时间成本都相对较高的人工标记方法。而相比之下，游记文本的长度较长，涉及的风险类型较为复杂和分散，且样本数量相对较大，字典方法更加适用于此类数据的处理。此外，各种情感分析方法将用于分析游客对目的地认知的情感倾向，以判断不同风险的感知重要性。最后，在实证分析层面，通过对实验结果的对比，研究可以进一步描绘出旅游前后风险感知的变化和修正过程，以确定被游客低估和放大的关键风险因素，从而为合理的目的地风险感知和科学的目的地形象宣传提供参考依据。

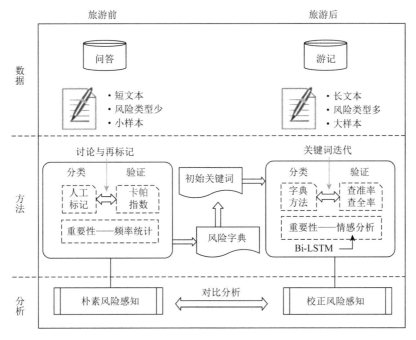

图 3-2　实验框架图

Bi-LSTM，bi-directional long short-term memory，双向长短期记忆

3.3.1　研究对象

西藏是中国旅游发展的高潜力区，丰富的物种多样性、独特的地质特征和悠久的宗教历史孕育了西藏独具特色的旅游资源，吸引了众多国内外游客。随着进藏铁路的开通和林芝米林机场等的建成，西藏旅游进入快速发展阶段。《中国统计年鉴 2020》显示，2019 年，西藏全区累计接待国内外游客 4012.15 万人次，同比增长 19.1%，实现旅游总收入 559.28 亿元，同比增长 14.1%，占全区经济比重达 32.94%。由此可见，旅游已成为西藏经济发展的支柱性产业。同时，作为中国平均海拔最高的省级行政区，西藏也是一个旅游风险相对敏感的区域，自然灾害等自然风险以及社会风险均很突出（李艳等，2014）。强大的旅游吸引力和独特的风险特征使西藏成为研究游客动态风险感知研究的合适对象。以风险相对较高的西藏作为研究对象使得我们能够把注意力更好地聚焦到游客主体，从而能够更加清

晰地观察游客在旅游前后对目的地风险的感知和变化过程（Fuchs and Reichel，2006）。因此，本章将西藏作为研究对象，识别游客的风险感知及其在旅行前后的变化过程。

3.3.2　旅游前风险感知刻画

本书从携程旅游网站收集了以西藏作为目的地的共 3117 条问答数据来表征游客旅游前的风险感知。问答数据是游客在产生了前往目的地的旅游意向后发布的针对目的地的不确定性问题，能够在一定程度上反映出游客对于前往目的地旅游的风险感知。例如，"如何预防高原反应"表明游客感知到了强烈的健康风险，"听说西藏泥石流很多，是不是很危险"明确指出了游客对于自然灾害带来的安全风险的顾虑。通过数据清洗，保留了 2627 条与前往西藏旅游直接相关的记录，样本时间跨度为 2008 年 8 月至 2021 年 4 月，具体的数据筛选过程如表 3-1 所示。

表 3-1　旅游前样本选择过程

样本选择	样本数
所有问答记录	3117
不是针对西藏旅游的提问，如"去哪里的草原更好玩？"	（122）
未明确指出具体风险类型的记录，如"去西藏要注意些什么？"	（167）
同一游客的重复提问	（201）
最终样本	2627

为了对游客旅游前的风险感知类型进行描述，基于问答数据文本长度较短、每条记录包含的风险类型较少，且样本量相对较少的特点，实验选择了两名具有旅游风险研究背景的学者对每一条问答数据涉及的风险类型进行人工标记，实验过程主要分为以下几个主要阶段。

（1）实验开始之前，向实验参与者详细介绍实验背景和实验目的。

（2）预览所有问答样本，明确标记属性（单标签还是多标签）并对风险标记类别进行预定义。通过粗略浏览问答样本可以发现，一条问答样本内通常涉及对多个风险点的提问，因此，对问答数据的风险标记属于多标签分类问题。在此前提下，实验小组讨论设定了几个主要的风险类别，包括住宿风险、交通风险、路线风险、安全风险等类别，并为每一个类别设置统一的标记关键词，如将"听说西藏泥石流很多，是不是很危险"标注为"安全风险"。

（3）风险标记与预定义风险列表更新。如图 3-3 所示，为了保证多分类结果标记的一致性，实验过程中先由第一位实验者对所有问答样本进行风险标记，并统计每一条问答样本被标记的风险数量。标记过程中，若有上一步骤中未提前定义的风险类别出现，则由第一位实验参与者负责更新预定义风险列表。接下来，第二位参与者需要以更新后的风险列表为参照，在给定风险标记数量（第一位实验者的标记数量）的前提下对每一条问答样本进行风险标记。例如，若第一位实验者对第一条问答样本分别标记了"交通风险""安全风险""健康风险"三个风险类别，那么第二位实验者将会被要求给该条样本标记三类风险。同样地，对于未提前识别出的风险类别，需进行风险列表更新，并在下一阶段进行集中讨论。

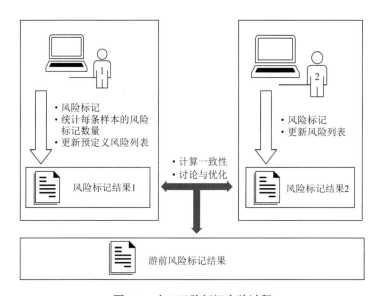

图 3-3　人工风险标记实验过程

（4）计算两位实验者风险标记结果的一致性，并对出现分歧的标记结果和更新后的风险列表进行讨论，从而保证实验结果的可靠性。

（5）获得最终的风险标记结果，并通过计算各类风险因素的出现频率反映出游客对各类风险的感知重要性程度。

3.3.3　旅游后风险感知刻画

旅行结束并不意味着游客与此次旅游相关联的感知活动的终止。游客会通过个人回忆、与亲友闲聊以及在线评论和游记等形式分享和记录自己对目的地形象和风险的感知。为了对游客旅游结束后的风险感知进行刻画，本书从携程网站爬取了 17 523 条关于西藏的游记文本数据，针对游记数据长文本、包含的风险类型较多且样本量较大的数据特征，通过字典方法和情感分析两个关键任务，实现了对旅游后风险感知类别和重要性程度的识别。

如上文所述，本章不对游记文本描述的目的地形象和风险感知进行严格的区分，但由于风险感知主要传达的是游客的负面情绪，而目的地形象可能涉及游客的正面感知。因此，在对旅游后游客风险感知的重要性进行刻画的过程中，选择借助情感分析来描述游客对某一风险因素的负面感知程度。实验过程包括如图 3-4 所示的五个主要步骤。

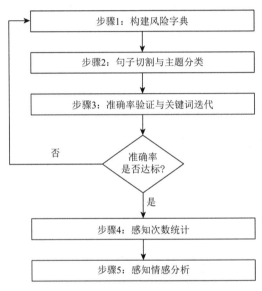

图 3-4　游后风险感知评估实验步骤

（1）构建风险字典。以问答数据最终的风险标记结果为依据，为每一个风险类型指定关键词，例如，为健康风险设置"高反""高原反应"等关键词，并以此为基础构建风险字典。

（2）句子切割与主题分类。游客发表的游记通常会详细记录旅游过程的细节，因此相对冗长。为了更好地定位描述风险感知的句子，本章研究选择合适的断句标点符号对游记文本进行句子切割，并以上一步中构建的风险字典为依据进行句子的主题分类。例如，当句子中出现"高反"或"高原反应"两个词时，可认为该句子描述的是健康风险。

（3）准确率验证与关键词迭代。为了保证实验结果的可靠性，研究引入查准率（precision）和查全率（recall）两个指标对模型的分类效果进行度量。其中，查准率度量了识别出来属于某一风险主题的句子中有多少比例是真正在描述这一风险，查全率度量了描述该类风险主题的句子有多少比例被成功识别出来。查准率、查全率的计算过程分别如式（3-1）和式（3-2）所示。其中，TP（true positive）表示分类器预测结果为正样本，实际也为正样本，即正样本被正确识别的数量；FP（false positive）表示分类器预测结果为正样本，实际为负样本，即误报的负样本数量；FN（false negative）表示分类器预测结果为负样本，实际为正样本，即漏报的正样本数量。若主题分类结果达到了较高的查准率和查全率，则继续进行下一步，反之则需要重新优化风险字典的关键词并进行主题再分类。具体来说，如果查准率低，说明预设的关键词不够准确，一些与风险感知无关的句子被纳入其中，需要对已有关键词进行重新检查和筛选。如果查全率低，意味着关键词不足以覆盖所有讨论风险感知的句子，则需要继续增补与特定风险相关的关键词。

$$precision = \frac{TP}{TP + FP} \tag{3-1}$$

$$recall = \frac{TP}{TP + FN} \tag{3-2}$$

（4）感知次数统计。重复上述三个步骤，直至得到较高的查准率和查全率结果，并以最终轮次的风险字典和主题分类结果为依据，统计各风险感知主题的感知次数。仍然以健康风险为例，若一篇游记中没有任何与健康风险相关的关键词出现，则认为该条游记样本没有关注健康风险。反之，若游记中出现了与健康风险相关的关键词，则认为该条游记样本关注和感知到了健康风险，且同一游记中无论出现几次"高原反应"等关键词，健康风险的感知次数都统一记为增加 1，表示该条样本关注到了健康风险。

（5）感知情感分析。本章采用了 Senta_LSTM、Senta_BiLSTM、Senta_CNN、Senta_GRU、Senta_BOW 共计五种文本情感分析方法对游记中风险感知的负面情感概率进行计算。这些有监督的深度学习方法比传统的统计学习方法更准确，其中，情感倾向分析（sentiment classification，Senta）擅长处理带有主观描述的中文文本，可自动判断该文本的情感极性类别并给出相应的置信度，能够为理解用户行为习惯、分析关注热点提供重要的技术支撑。上述五种模型则分别是基于长短期记忆（long short-term memory，LSTM）、双向长短期记忆（bi-directional long short-term memory，BiLSTM）、卷积神经网络（convolutional neural networks，CNN）、门控循环单元（gated recurrent unit，GRU）以及词袋模型（bag of words model，BOW）结构的情感倾向分析，它们最终可以将分析文本的情感类型分为积极和消极两种。

然而，监督式深度学习方法需要大量的标记数据来训练可用的模型，而这些数据往往很难获得。幸运的是，一些开源项目利用大量的通用标记数据对模型进行了预训练，其中百度的情感分类（Senta）项目以其通用性和准确性吸引了学者们的关注。通过对大量自建语料库的训练，它可以自动判断文本的情感极性并给出相应的置信度，为了解用户行为习惯和分析热点提供了重要的技术支持。该语料库包含大量带有情感倾向标签的评论文本，训练得到的模型适合处理游记文本风险感知识别问题。最终，风险感知 i 的负向情感概率 Sent_Risk_i 可以用式（3-3）来表示：

$$\text{Sent\_Risk}_i = \frac{1/M(\text{Sent\_Risk}_{i,n,m})}{N} \tag{3-3}$$

其中，N 表示所有游记文本中提及风险 i 的样本数量，即感知频次；M 表示游记样本 n（$n = 1, 2, 3, \cdots, N$）中提到风险 i 的句子数量。

3.4　实　证　分　析

3.4.1　旅游前风险感知识别

在对旅游前问答文本数据进行人工标记的实验过程中，通过式（3-4）计算两位实验参与者的风险标记结果一致性（consistency）为 0.8903，表明风险标记结果具有高度的一致性。其中，N 表示由第一位实验者标注的风险类别的总数，S 表示所有问答样本数量，R_i 表示第 i 条样本的风险标记数量。B_j^r 和 A_i^r 分别表示第二位实验者和第一位实验者的风险标记结果，若第二位实验者对第 i 条问答样本的第 j 个风险的标注结果在第一位实验者对第 i 条问答样本的风险标记结果集合中，那么 $I(\ )$ 取值为 1，反之则为 0。

$$\text{consistency} = \frac{1}{N} \sum_{i=1}^{S} \sum_{j=1}^{R_i} I\left(B_j^r in A_i^r\right) \tag{3-4}$$

表 3-2 展示了基于最终的风险列表得到的 20 种游客前往西藏旅游前主要关注的风险类目的名称、定义、频次及频率信息以及对应的问答示例，并对该风险的目的地特征性进行了标注。如表 3-2 所示，游客前往西藏旅游前主要感知的风险类型包括旅游线路选择风险、交通风险、费用风险、装备风险、季节风险、入藏手续风险等，这部分风险由于其感知频率较高，可能会成为阻碍游客目的地选择的重要因素，值得引起目的地管理者的重点关注。相比之下，游客旅游前对当地通信、传统习俗、餐饮购物、景点是否开放以及旅行社选择等风险问题的担忧和感知较少。在众多风险类型中，由于西藏地区地势险峻、海拔较高、气候条件恶劣、景点之间距离较远、基础设施建设基础薄弱、宗教信仰普遍等特征，季节风

险、入藏手续风险、时间风险、气候风险、健康风险、安全风险、基础设施风险、传统习俗风险、通信风险等呈现出了鲜明的地域特征，是游客在前往西藏旅游前需要格外注意的。

表 3-2　旅游前西藏风险感知描述

序号	风险	定义	频次	频率	特征性
1	旅游线路选择	对旅游线路设计和景点选择是否合理的不确定性。例如"请问下面行程安排合理吗？"	907	23.27%	
2	交通	对交通方式选择的不确定性。例如"去西藏坐飞机好还是坐火车好？"	663	17.01%	
3	费用	对旅游花费的不确定性。例如"从广州出发到西藏的旅行费用需要多少呢？"	380	9.75%	
4	装备	对旅游装备的不确定性。例如"去西藏需要准备什么衣服和必备品呢？"	304	7.80%	√
5	季节	对出游季节是否合理的不确定性。例如"请问去西藏旅游最好的季节是什么时候呢？"	300	7.70%	√
6	入藏手续	对如何以及是否需要办理入藏手续的不确定性。例如"请问到西藏必须办理边防证吗？具体哪些地方需要边防证？"	204	5.23%	√
7	时间	对游览耗时、行程时间安排的不确定性。例如"从青海包车去西藏要多久时间？"	188	4.82%	√
8	气候	对当地气候条件的不确定性以及对恶劣气候条件的担忧。例如"西藏的阳光有多强？防晒需要做到什么程度？"	177	4.54%	√
9	健康	对高原反应等事件发生的不确定性，以及对自身健康状况的担忧。例如"西藏高反严重吗？怎样预防高反？"	156	4.00%	√
10	住宿	对能否找到合适的住宿地点的不确定性，以及对住宿条件的担忧。例如"西藏樟木镇住宿方便吗？"	144	3.69%	
11	安全	对交通事故和自然灾害发生的不确定性，以及对事故发生危害性的担忧。例如"我想和朋友一起徒步去西藏，要怎样才能确保旅游安全？"	97	2.49%	√
12	门票	对门票购买及参观时限等信息的不确定性。例如"我怎么才能预订西藏布达拉宫门票？"	92	2.36%	
13	基础设施	对当地路况等基础设施建设情况的不确定性和便利性的担忧。例如"请问从阿里开车出发，如果走省道，路况如何？"	80	2.05%	√
14	旅行社选择	对能否选择到最优的旅行社和旅游团的不确定性，及对旅游服务质量的担忧。例如"去西藏旅游想找地接社，请问有比较好的推荐吗？"	69	1.77%	
15	开放	对景点是否开放的不确定性。例如"西藏纳木错湖的圣象天门景点开放了吗？"	54	1.39%	
16	餐饮购物	对餐饮购物便利性的不确定性，以及对质量的担忧。例如"西藏适合购物的地方有哪些啊？"	33	0.85%	
17	传统习俗	对宗教等文化习俗的不确定性，以及对沟通障碍、文化差异等的担忧。例如"当地人能听得懂普通话吗？"	25	0.64%	√

续表

序号	风险	定义	频次	频率	特征性
18	疫情政策	对疫情政策的不确定性。例如"西藏疫情景区什么时候开放？"	17	0.59%	
19	通信	对通信信号质量的不确定性和担忧。例如"西藏大多数地方有 GPRS（general packet radio service，通用分组无线服务）信号吗？"	8	0.44%	√
20	其他	对结伴旅游、时差等其他方面的不确定性和担忧。例如"2018年打算在西藏过年，有结伴同行的吗？"			

注："√"表示该类风险为与西藏地理、文化特征密切相关的风险

3.4.2　旅游后风险感知识别

在对旅游后的游记文本进行风险感知主题识别和提取的实验过程中，如图 3-5 所示，当关键词调整到第五轮时，实验的查准率和查全率均达到了较高且稳定的状态。最终，研究以第七轮调整后的关键词为依据构建风险字典，对旅游后的游客风险感知进行识别。

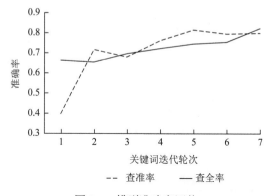

图 3-5　模型准确率评价

表 3-3 和图 3-6 分别展示了基于五种文本情感分析方法得到的旅游后游客风险感知因素的负向情感概率及其趋势图，可以看出五种文本情感分析方法的结论较为一致，实验结果的稳健性得到了进一步的保证。

表 3-3　旅游后风险感知负向情感概率

风险感知类别	情感分析方法				
	长短期记忆（Senta_LSTM）	双向长短期记忆（Senta_BiLSTM）	卷积神经网络（Senta_CNN）	门控循环单元（Senta_GRU）	词袋模型（Senta_BOW）
安全	0.48	0.53	0.51	0.54	0.48
通信	0.40	0.46	0.44	0.46	0.43

续表

风险感知类别	情感分析方法				
	长短期记忆 （Senta_LSTM）	双向长短期记忆 （Senta_BiLSTM）	卷积神经网络 （Senta_CNN）	门控循环单元 （Senta_GRU）	词袋模型 （Senta_BOW）
疫情政策	0.40	0.44	0.44	0.44	0.38
基础设施	0.39	0.44	0.41	0.44	0.41
健康	0.39	0.44	0.42	0.45	0.41
费用	0.35	0.31	0.29	0.37	0.34
时间	0.34	0.39	0.34	0.38	0.36
入藏手续	0.34	0.43	0.38	0.39	0.35
住宿	0.33	0.37	0.31	0.36	0.34
门票	0.31	0.32	0.27	0.31	0.32
交通	0.30	0.34	0.29	0.32	0.30
旅游线路选择	0.29	0.33	0.29	0.32	0.32
装备	0.29	0.31	0.28	0.31	0.27
气候	0.28	0.30	0.28	0.31	0.27
餐饮购物	0.27	0.30	0.25	0.29	0.27
开放	0.25	0.28	0.26	0.28	0.26
旅行社选择	0.23	0.27	0.22	0.24	0.22
季节	0.20	0.23	0.21	0.23	0.20
传统习俗	0.19	0.22	0.20	0.22	0.18

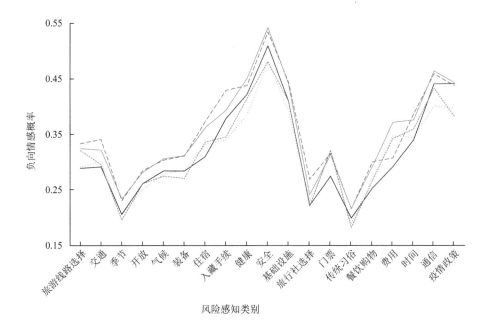

图 3-6 旅游后风险感知情感分析结果图

　　为了对结果进行进一步的分析，图 3-7 绘制了关于风险感知频次和基于五种文本情感分析方法的平均负向情感概率的四象限图。如图 3-7 所示，游客旅游后对各风险的感知频次和情感并不一致。其中，基础设施风险、健康风险、住宿风险以及时间风险属于感知频次和负向情感概率都较高的风险类型，这类风险因素可能会成为游客目的地满意度的重要影响因素。安全风险、通信风险等属于负面情感概率明显强于感知频次的风险类型，这类因素由于其感知频次不高很容易被游客和管理者忽视，但一旦发生也会给目的地旅游形象带来严重负面影响。门票风险、季节风险、交通风险、餐饮购物风险、传统习俗风险、气候风险、旅游线路选择以及费用风险属于感知频次明显强于负面情感概率的风险类型，而入藏手续风险、开放风险、装备风险以及旅行社选择风险则属于感知频次较低且负向情感概率也较低的风险类型。上述两类风险由于负向情感概率较低，可以成为提升目的地形象的重要抓手。

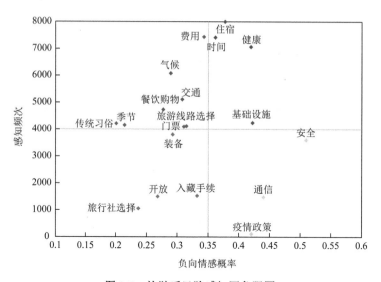

图 3-7　旅游后风险感知四象限图

3.4.3　旅游前后风险感知对比

　　图 3-8～图 3-10 展示了游客前往西藏旅游前后，对不同类型风险的感知重要度变化趋势。其中，旅游前的风险感知重要度用感知频率表示，旅游后的风险感知重要性用感知频次×负面情感概率近似表示，其中负面情感概率取五种情感分析方法计算结果的平均值。为了能够更加直观地反映出旅游前后风险感知重要度的对比关系，本书分别对旅游前后的风险感知重要度进行了排名，并通过取倒数的方式构造了感知重要性指数。以图 3-8 为例，风险感知的重要性指数数值越大，

表明游客对该风险的感知越强烈。根据游客前往西藏旅游前后风险感知重要性的变化趋势，可以将所有风险感知类型划分为以下三类。

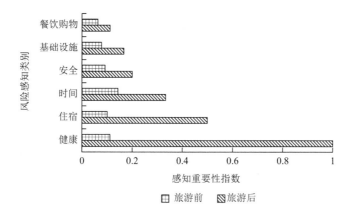

图 3-8 游后感知重要性显著增强型风险因素

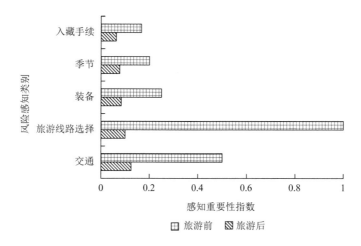

图 3-9 游后感知重要性显著减弱型风险因素

（1）图 3-8 展示了旅游后感知重要性明显高于旅游前的风险类型。可以归类于这一类别的风险因素主要包括健康风险、住宿风险、时间风险、安全风险、基础设施风险以及餐饮购物风险。感知重要性的明显增加暗示着游客旅游前可能严重低估了此类风险的重要性程度。从游记样本来看，当涉及上述风险类型时，游客的表述通常相对消极，如"一到雨季路况非常糟糕，不可预见性很强，一场暴雨过后，路基很可能就被冲断，严重影响行程""路况非常糟糕，300 多公里开了一整天""高反严重的话是会要命的""这是此行遇到的第三起严重车祸了，让我

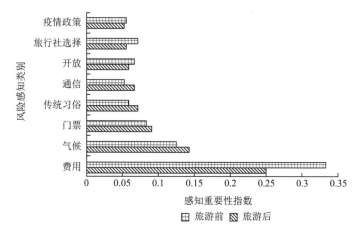

图 3-10　旅游前后感知重要性无显著变化型风险

们开始感慨人生真的太无常，生命真的太脆弱。怎么去之前，我们都没感觉过害怕，没想过这些路况呢"。

（2）图 3-9 展示了旅游后感知重要性明显低于旅游前的风险类型。属于这一类别的风险因素主要包括交通风险、旅游线路选择风险、装备风险、季节风险、入藏手续风险等。属于这一类别的风险因素大多都与景点和景色的体验直接相关。交通涉及景点之间的转移、旅游线路选择归根到底也是对景点和景色的取舍，季节风险如定义所述是对不同季节景色的不确定性，而入藏手续则关乎能否顺利前往某一景点。游客对这类风险的感知可能会因为目睹到当地的秀丽风景而逐渐弱化。例如"不同季节有不同的美；现在租车自驾很方便""感觉置身于景区之中，不同季节会有不同的景色，夏天是绿色的，秋天是黄色的……"。

（3）图 3-10 展示了旅游前后感知重要性没有明显波动的风险感知类别。除上述两类波动明显的风险类别外，游客对大部分风险因素的感知重要性在旅游前后没有明显的变化。其中，费用风险和气候风险可以进一步归类为旅游前后感知都很强烈的风险类型。与费用和气候风险情况相反，传统习俗风险、通信风险、开放风险、旅行社选择风险则属于旅游前后感知都相对较弱的风险类型。

3.4.4　结果讨论与分析

游客的风险感知在目的地旅游市场的发展中起着关键作用（Chew and Jahari，2014；Sönmez and Graefe，1998）。考虑到风险感知极易受到信息获取渠道等主观因素的影响，有必要对旅游前后游客风险感知的动态变化过程进行识别与分析。这不仅可以引导游客对目的地形成合理的认知，也为政府部门进行目的地风险管理提供了重要的参考依据。本章以西藏这个具有独特风险特征的旅游目的地为样本，实证分析了游客的风险感知及其在旅游前后的动态变化过程。

结果证明，游客在旅行前后对目的地的风险认知确实存在着显著的差异。这些发现与 Tardivo 等（2020）、Xie 等（2020a）以及 Zimmermann 等（2013）的研究结论一致。风险的社会放大框架指出，风险事件在与心理、社会和文化因素的互动过程中，可以强化或减弱公众的风险感知（Kasperson et al.，1988）。通过比较旅游前后的风险感知识别结果，可以发现社会放大效应存在于旅游活动的各个环节，并对旅游决策产生影响。

如图 3-8 所示，与游客自身健康和安全密切相关的风险，以及餐厅和酒店等基础设施的完备性风险，在旅行后的感知重要性明显增加。从游客的陈述中不难看出，他们在旅行前严重低估了这些风险的严重性，这可能与乐观偏差有关。乐观偏差指的是人们倾向于认为自己比别人更不容易受到某种疾病或其他负面结果的影响，人们通常期望未来会有积极的事情发生（Weinstein，1989）。例如，人们倾向于认为自己比别人更不可能成为车祸或地震的受害者，更不可能经历疾病或抑郁症（Helweg-Larsen and Shepperd，2001）。因此，在西藏旅行时，即使面对高海拔和糟糕的道路状况，游客仍然可能由于乐观偏差而低估他们的风险易感性和风险严重程度。然而，过于乐观的心理预期可能会导致游客满意度降低（Kwon and Lee，2020；Wilson et al.，2005）。图 3-9 显示，旅游后，游客明显降低了对与景点和风景直接相关的风险的感知重要性，如季节风险、旅游线路选择风险和交通风险。鉴于这些风险在旅行前的高感知重要性，它们可能成为阻止潜在游客前往西藏的关键限制因素。

游客在旅游过程中被强化或减弱的风险将引发相应的行为反应，这些反应反过来会作为一个"放大站"，对其他游客的风险感知产生二次影响（Renn et al.，1992）。与根据研究结果和统计证据判断风险的专家不同，非专业人士主要依靠个人直觉，从媒体报道等有限的信息中评估风险（Slovic，1987）。因此，为了获得更好的旅游体验和推动目的地的经济发展，游客和目的地管理者需要进行双向的风险沟通（Matta，2020），这可以引导游客形成更准确的风险评估，同时指导管理者优化目的地的风险管理。对于旅行后感知重要性明显增加的风险，管理者需要加强对这些风险的控制，同时通过有效的科普提高游客的风险防范意识。适当的管理可以降低高原反应的严重程度和发生车祸的概率，从而提高游客对目的地的满意度。对于旅行后感知重要性下降的风险，管理者需要在目的地形象宣传方面投入更多的精力，以减少游客不必要的焦虑，从而吸引更多的游客。

在沟通方法方面，以前的研究表明，以数字的形式（如风险发生概率）进行风险沟通难以传达有效和准确的感知（Schmälzle et al.，2017）。相比之下，海报、图表和公告更能够传达风险信息，从而增强游客的风险感知（Witte and Allen，

2000）。因此，多样化的信息沟通形式有望为准确评估目的地风险做出更大贡献。尽管媒体在风险的社会传播中具有不可忽视的作用（Kapuściński and Richards，2016；Paek and Hove，2017），但普通公众也是风险信息的重要传播者（Kusumi et al.，2017）。因此，游客在旅行前充分阅读网络评论并利用人际沟通的优势，将有助于形成更准确的风险感知。

图 3-10 显示了一些在旅行前后具有相对一致的感知重要性的风险因素。对人们认为发生概率较高的风险进行管理，有望成为吸引更多游客的有效途径。因此，对于可控的费用风险，管理者应重点优化当地旅游费用结构，营造良好的经营环境。对于无法人为控制的气候风险，应加强科普宣传，引导游客形成正确的预期，制订完善的风险计划。感知较弱的风险因素不会成为影响游客旅游决策的关键因素，但可能是提高游客旅游满意度的重要抓手。因此，加大文化推广力度，促进民族文化融合，加快通信网络等基础设施的铺设工作，可能会获得更多的积极反馈。

本章描绘了游客到西藏旅游后风险认知的变化，尽管研究范式具有普遍性，但考虑到西藏独特的经济、文化和地理条件，对游客风险感知的识别结果及其变化模式不一定能推广到其他地区。因此，在针对其他地区的研究中，需要结合当地的具体情况进行分析，以探索契合于地区特征的新的结论。此外，未来的研究需要考虑更多的细节信息，如考虑性别因素，进一步探讨男性和女性游客在风险认知趋势上的差异，为旅游风险管理提供更加详细的参考依据。

3.5　本　章　小　结

本章从目的地风险感知动态变化的理论视角出发，以西藏作为研究对象，对游客前往目的地旅游前后的风险感知目的、方式、内容、特点进行了描述，并对由此带来的风险感知的差异进行了对比和分析。本章研究分别将游客旅游前发布的在线问答数据和旅游后发布的游记文本数据作为游客旅游前后风险感知的重要数据来源，并基于 2627 条问答数据和 17 523 条游记数据，借助人工标记和字典方法对旅游前后的风险感知类别和重要性差异进行了实证分析，主要的实验结论如下。

（1）游客前往西藏旅游前主要感知的风险类型包括旅游线路选择风险、交通风险、费用风险、装备风险、季节风险、入藏手续风险等。而旅游结束后，游客对目的地的费用风险、健康风险、住宿风险以及时间风险的感知频次最高。

（2）对比旅游前后的风险感知结果可以发现，游客旅游前后对目的地的风险的感知存在明显的差异性，具体来说：健康风险、住宿风险、时间风险、安全风险、基础设施风险以及餐饮购物风险在旅游后的感知重要性明显提升，而交通风险、旅游线路选择风险、装备风险、季节风险、入藏手续风险在旅游后则呈现出明显的弱化趋势。此外，费用风险和气候风险在旅游前后的感知都很强烈，而传统习俗风险、通信风险、开放风险、旅行社选择风险则属于旅游前后感知都相对较弱的风险类型。

本章的研究对于目的地旅游管理者和游客都具有重要的参考价值：对于目的地旅游管理者来说，旅游前后感知重要性较高的风险可能会成为阻碍游客目的地选择和影响游客对目的地满意度的重要因素，应引起管理者的重点关注。对于感知重要性较弱的风险类型也应加强管理和优化，使其成为目的地旅游形象的增值项。对于健康和安全风险等旅游后感知重要性明显增加的风险类型，管理者应积极发挥风险预警的作用，提醒游客提高风险防范意识，降低风险损失。对于交通风险、旅游线路选择风险等旅游后感知重要性明显下降的风险类型，管理者应加强科普宣传工作，修正游客过度的游前风险感知，引导游客形成正确的风险认知，为吸引更多游客扫除障碍。对于游客来说，一方面要在选择目的地时格外关注目的地的特征性风险类型，此类风险由于与目的地的特殊性息息相关，很难从之前的旅行经验中获得充足的先验知识，如西藏地区的地理环境带来的气候风险、健康风险、安全风险等；另一方面，可以将实验结果作为间接信息来源对目的地风险感知进行修正，提升对易忽视风险的重视程度，并调低对过度忧虑风险的紧张程度，以此为依据开展安全愉快的旅游活动。

第 4 章　基于年报文本披露的旅游企业风险感知识别

　　针对旅游企业风险感知难以全面识别的研究困境，本章从分析数据和模型算法两个角度出发，提出了基于年报风险披露文本数据及改进主题模型的风险识别方案，实现了对旅游企业风险感知因素全面且有效的识别。此外，为了深入了解旅游企业风险感知的特征，本章还对风险因素的行业代表性、子行业差异性以及时间变化趋势进行了描述。

4.1　引　　言

　　旅游行业风险敏感的特征使得十分有必要对其所面临的风险因素进行全面深入的了解。尽管客观的风险因素无法被消除，但有效的风险感知识别和预警是最小化风险损失的重要手段（Sheng-Hshiung et al.，1997），对保障行业健康发展意义重大。

　　风险感知识别一直是旅游风险研究领域中的热门议题，回顾相关研究可以发现，目前绝大多数文章关注的都是游客主体，尤其是在"9·11"事件发生之后，对游客风险感知进行识别的研究正式进入了快速增长期（Blake and Sinclair，2003；Fuchs and Reichel，2011；Kim et al.，2015；Mansfeld and Pizam，2006；Wolff et al.，2019），这些研究成果为旅游服务优化和旅游风险管理提供了可靠的参考。然而，和大量的游客风险感知识别研究相比，很少有研究关注到旅游企业正在面临哪些风险威胁。在少数以企业为样本的旅游风险研究中，主题更多是关于如何优化企业风险管理、评估风险事件带来的冲击或者分析企业特征（如企业社会责任和广告支出）对其风险承受能力的影响作用（Kim et al.，2013；Lee and Jang，2011；Paraskevas and Quek，2019；Park et al.，2017a）。虽然这些研究能够为企业形成更加完善的风险管理体系提供具体的建议，但目前的研究仍然停留在对企业风险的碎片化理解层面，缺乏对旅游企业风险状况的系统性识别。

　　企业作为旅游行业的重要参与主体之一，是旅游服务的提供者和旅游活动高质量发展的保障者，对其开展风险感知识别和分析十分必要且紧急。2008 年金融危机表明了市场通常会低估风险，进而导致严重的经济衰退甚至破产（Hope et al.，2016）。因此，识别可能导致企业运营遭受损失的风险感知因素能够为风险预警提供有效的参考信息。对于企业来说，风险感知识别不仅能够使管理者了解日常运营过程中的主要危险因素，并以此为依据调整企业战略，还能够减少企业与利益

相关者之间的信息不对称，降低权益资本成本（Barry and Brown，1985；Myers and
Majluf，1984）。对于投资者和游客来说，企业风险感知识别是掌握公司风险信息
的重要渠道，可以帮助他们进一步了解在购买产品、服务或股票时可能会遭受的
负面冲击，并制定及时、合理的风险对冲策略（Penela and Serrasqueiro，2019）。

　　企业风险感知识别重要且必要，但是由于数据获取上的障碍，这个问题直到
近几年才得到了有限的研究关注。Penela 和 Serrasqueiro（2019）的研究工作意
识到风险识别对住宿企业的重要意义，并首次将年报中披露的风险文本数据引
入旅游研究领域。他们基于 20 家住宿公司的 40 份年报文件，借助 Leximancer
软件成功识别了住宿企业 2008 年和 2016 年各 7 个主要的风险主题，并比较了
这两个不同年份之间的风险差异。他们的工作开创了旅游企业风险感知识别的
研究先河，但是为了得到更具代表性的结论，样本企业的范围、时间跨度和实
验方法仍有很大的改进空间。

　　本章试图从整体的角度出发，系统地识别旅游企业的风险感知类别。为了实
现这个目标，本章以 2006 年至 2019 年美国上市旅游企业年报中的风险披露标题
为分析对象，并将改进的 Sentence Latent Dirichlet Allocation（基于句子的隐含狄
利克雷分布，Sent-LDA）模型引入研究框架，该模型是一种无监督的聚类方法，
能够有效地从大量文本数据中挖掘出隐藏知识，完成从年报风险披露文本大数据
中识别出潜在的风险因素的实验任务。本章的主要贡献可以总结为以下四点。首
先，系统地识别了旅游企业的风险感知因素，弥补了现有旅游企业风险研究碎片
化的缺点；其次，提出了主题相似度计算方法，为 Sent-LDA 模型应用过程中的
关键参数设置提供了优化方案；再次，研究进一步描绘了风险感知因素的行业代
表性、子行业差异性，以及不同年份的演变和波动趋势，从行业和时间维度传达
了更丰富的风险信息；最后，研究强调了旅游企业风险感知识别的重要性，可以
为利益相关者制定完善的风险管理策略提供有价值的参考。

　　本章剩余部分的结构安排为：4.2 节介绍了年报作为企业风险识别的有效数据
来源的基本情况和应用场景；4.3 节介绍了文本处理的模型方法、数据获取及处理
过程、实验参数设置，并对提出的主题相似度计算方法进行了描述和解释；4.4
节展示了主要的风险感知识别结果，并对实验结果进行了行业间、内部子行业以
及时间维度的分析讨论；4.5 节对本章研究工作进行了总结。

4.2　企业风险感知识别旧困境与新方案

　　企业在旅游活动过程中扮演着不可或缺的重要角色，全面识别旅游企业面临
的风险因素对促进企业发展、保障旅游质量都具有非常重要的研究意义。在过去，
旅游企业风险感知识别的主要障碍是无法获得能够有效表征企业风险感知的数据

源。这主要是因为在游客风险感知研究中，大部分数据都来自对旅游者的问卷调查，但当研究对象为企业时，基于问卷的数据获取方式通常会失效。一方面是因为对企业开展问卷调查的时间和人力成本都相对较高，另一方面，企业风险的披露将会直接影响利益相关者对企业发展的感知可靠性，很少有企业愿意接受研究人员的调查。因此，如何获取能够表征企业风险感知的有效数据源成为企业风险感知识别研究的关键问题。

近年来，企业年报数据引起了广泛的研究关注。学者们发现，这些年报包含了能够让利益相关者深入了解公司发展和潜在风险的重要信息（Zhu et al.，2016）。而且，由于年报是由监管机构强制要求、企业自行发布的，能够有效避免信息二次处理（如新闻报道）掺入的主观意见，从而保证了数据的可靠性。企业年报不仅向公众公开量化的财务数据，还包括了大量有价值的文本信息。2005 年以后，美国证券交易委员会（Securities and Exchange Commission，SEC）要求所有上市公司在他们年报的 Form 10-K 中披露企业未来可能会面临的风险因素 [通常被命名为 "Item 1A. Risk Factors"（1A. 风险因子）]。这部分内容对使企业日常运作具有风险性的关键因素（"the most significant factors that make the offering speculative or risky"）进行了披露和讨论（Securities and Exchange Commission，2005），所披露的风险内容通常遵循图 4-1 所示的描述结构，即每条风险披露都是对某一特定风险主题的陈述，由一个风险标题和详细的风险解释组成。

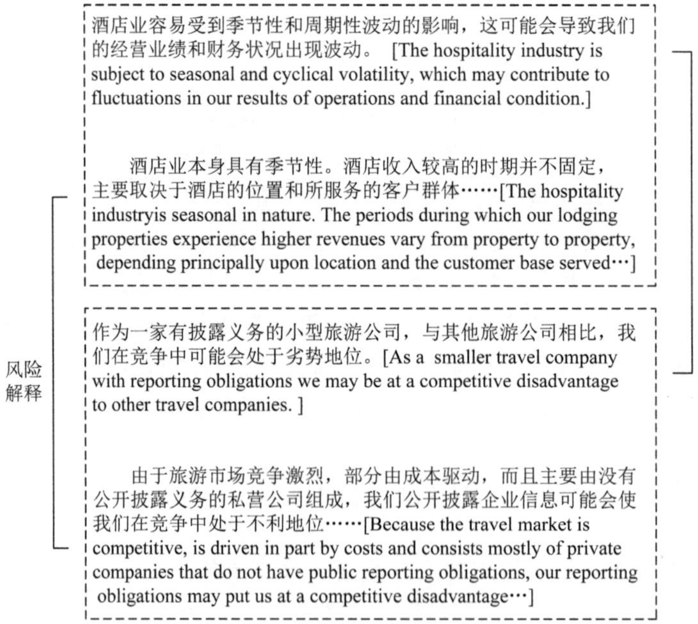

图 4-1　风险披露示例

在实际应用中，风险标题由于描述的风险与解释部分完全相同且含有的冗余信息较少，因此通常被用作风险分析的对象，其有效性在许多其他工作中也得到了很好的验证。例如，Campbell 等（2014）使用美国所有上市公司作为样本，验证了风险披露能够有效刻画企业所面临的风险。Bao 和 Datta（2014）也基于类似的样本，成功量化了 30 类企业主要面临的风险类型，并验证了有效的企业风险披露会显著影响投资者的风险感知。

然而，由于每个行业的特点各不相同，且受不同经营环境的影响，其所面临的风险因素也并不相同（Kim et al.，2012）。近年来，更专业的针对不同行业的企业风险感知识别已经开始出现。例如，Wei 等（2019a）对能源行业及其九个子行业的企业风险感知进行了识别和量化，构建了全面、系统的能源领域风险体系，类似的研究工作还包括 Wei 等（2019b）对银行业风险感知的识别。他们的研究进一步验证了不同行业的风险感知类别存在明显差异，也暗示了对旅游企业开展相关研究工作的必要性，而这正是本章想要解决的主要问题。

4.3　模型方法与数据

4.3.1　Sent-LDA 模型

企业的风险披露文本数据具有非结构化的数据特征，这使得传统的计量经济学方法难以有效识别风险类型。针对这个问题，本章将能够自动从文本数据中获取有价值的信息和知识的文本挖掘技术引入研究框架中。在具体应用过程中，采用了一种由 Bao 和 Datta（2014）提出的，名为 Sent-LDA 的主题模型来完成企业风险感知的识别和分析任务。主题模型擅长将大量文本数据按照所描述的主题聚成不同的类别（Li et al.，2022），能够成为旅游企业风险感知识别的有效工具。以下是对 Sent-LDA 模型的简要介绍。

Sent-LDA 模型是原始 LDA 模型的扩展，LDA 模型是由 Blei 等（2003）开发的一种经典的词袋模型，擅长处理大批量的文本数据，在许多领域的主题识别研究中已经得到了广泛应用。LDA 模型的主要生成过程如下。

（1）对于每一个主题 $k \in \{1, \cdots, K\}$，存在一个词分布 $\beta_k \sim \text{Dirichlet}(\eta)$，其中 η 是狄利克雷分布的超参数。

（2）对于每一个文件 $d \in \{1, \cdots, D\}$，均存在一个主题分布的向量 $\theta_d \sim \text{Dirichlet}(\alpha)$。

（3）对于每一个文件 d 中的单词 $w_{d,n}$，存在一个主题分布 $z_{d,n} \sim \text{Multinomial}(\theta_d)$，以及一个词分布 $w_{d,n} \sim \text{Multinomial}(\beta_{z_{d,n}})$。

LDA 模型的基本原理是根据已知的文本数据去推断文档的主题分布和每个主题下的词分布。Sent-LDA 模型继承了 LDA 模型的基本概念，并进一步调整了它的词袋假设：Sent-LDA 模型认为句子的边界十分重要，且每个句子只讨论一个主题，LDA 模型和 Sent-LDA 模型的算法概念分别如图 4-2（a）和图 4-2（b）所示。在本章的研究中，Form 10-K 中的风险因素披露通常遵循如图 4-1 所示的结构，即每个风险标题描述一个特定的风险类型，与 Sent-LDA 模型"一句话一个主题"的假设一致，因此，本章研究采用 Sent-LDA 模型来识别旅游企业的风险感知类型。

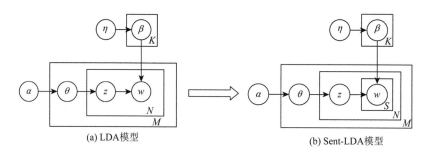

(a) LDA模型　　　　　　　　　　　　　(b) Sent-LDA模型

图 4-2　LDA 模型和 Sent-LDA 模型的概念模型

Sent-LDA 模型应用过程中的关键问题是根据观察到的文本文档选择合适的训练算法来获得最优参数。目前，学术研究中广泛使用的两种算法包括快速吉布斯抽样（collapsed Gibbs sampling，CGS）算法（Griffiths and Steyvers，2004）和变分期望最大值（variational expectation maximization，VEM）算法（Blei et al.，2003）。两种算法凭借各自的优点，在众多研究领域中都发挥了重要作用，关于二者算法优缺点的讨论也层出不穷。Bao 和 Datta（2014）的研究工作证明了在应用 Sent-LDA 模型时，VEM 算法通常比 CGS 算法具有更好的性能，因此，本章研究选择使用 VEM 算法来训练 Sent-LDA 模型。

在应用 Sent-LDA 模型之前，需要将从同一份年报中提取的风险披露标题存储在同一个文档 d 中，所有文档构成的文档集合即为文档集 D。Sent-LDA 模型会以文档集 D 作为输入信息，经过算法推演学习，输出一组风险主题 K，并进一步将每个风险标题映射到某个特定风险主题下。此外，Sent-LDA 还可以通过输出变量 θ_d 对主题进行量化，以刻画不同主题在文档 d 中的比例，风险比例越大意味着风险被披露的次数越多，在一定程度上可以代表该风险的重要性。如式（4-1）所示，可以通过计算某个风险主题下的风险标题数占总的风险标题数的比值来表示风险因子的重要性（importance）（Wei et al.，2019a）。其中，i 表示不同的风险因子；θ_{d_i} 表示风险因子 i 在文档 d 中的比例，表示风险因子 importance$_i$ 表示风险因子 i 的重要性。

$$importance_i = \sum_{d=1}^{D} \theta_{d_i} \qquad (4\text{-}1)$$

4.3.2　数据描述

为了获得尽可能多的样本数据，数据获取过程主要包括以下几个关键步骤。

（1）获取样本企业。为了对旅游企业的风险感知进行全面识别，首先需要得到一个样本旅游企业的名单。在筛选旅游企业时，我们以全球行业分类标准（Global Industry Classification Standard，GICS）为主要依据，将行业分类代码为253010（对应的行业名称为"Hotels，Restaurants & Leisure"，即酒店、餐厅和休闲）的所有样本企业纳入研究范围。GICS 是由标准普尔（Standard & Poor's）和摩根士丹利资本国际公司（Morgan Stanley Capital International）在 1999 年联合推出的一个行业分类标准。它为全球金融业提供了一个全面而统一的行业定义，得到了全世界的认可，并被证明在解释股票收益率方面明显优于其他行业分类标准（Bhojraj et al.，2003）。鉴于美国金融市场的包容性和强大性，我们从沃顿研究数据服务（Wharton Research Data Services，WRDS）平台的 Compustat 数据库（全球基本面与市场数据库）中获取了在美国上市的所有旅游公司的名称及其中央索引键（central index key，CIK）。其中，WRDS 平台包含丰富的公司信息及美国股市的毫秒级交易和报价数据，被认为是学术研究的重要工具（Ma et al.，2020）。

（2）获取风险披露文档。在获得公司名单后，使用 Python 编写的爬虫脚本，从美国证券交易委员会网站上的 Electronic Data Gathering，Analysis，and Retrieval（电子数据收集、分析和检索，EDGAR）数据库中根据 CIK 筛选出其中的上市公司，并获取他们历年发布的 Form 10-K 文档。

（3）提取风险标题。如图 4-1 所示，企业在对其风险因素进行披露时通常会遵循一定的披露特征，即风险标题通常会用特殊字体表示，两条相邻的风险披露之间存在明显间隔，这不仅增加了年报的可读性，也为数据获取提供了便利。根据上述披露特征，我们使用正则表达式编写 Python 程序完成风险标题提取任务。

（4）人工数据审核。由于风险标题没有统一的披露格式，在数据爬取过程中会有相当大的干扰。为保证数据的完整性和可靠性，实验过程中对程序能识别的文件进行了以下三个方面的人工审核，并对程序无法识别的文件进行人工提取。首先，从数据库中随机提取一个 Form 10-K 文件，并进行两项检查，即从该文件中提取的标题是否是所需的标题，以及该文件中是否有标题尚未被提取出来。如果出现匹配不良的情况，在总结错误提取原因后，使用 Python 程序对相关错误进行修复，并最终保证错误率不超过 5%。其次，我们默认企业的风险披露应该是负面的。因此，任何类似于"×××风险正在减少"的风险标题都应该被排除。为了完成这项任务，本书对每个财政年度的 100 个随机标题进行了人工检查，结果支持负面表述的假设。最后，由于 Sent-LDA 模型的默认使用条件为每条风险披露标题仅讨论一种风险，因此，为了验证 Sent-LDA 模型的适用性，我们选择了三名具有风险管理专业背景的实验参与者对风险披露标题进行单独的人工标记，并检验三个实验者标记结果的一致性。最终，通过计算，标记结果的一致性为 95.70%，表明数据样本满足 Sent-LDA 模型的应用条件。尽管如此，数据处理过程中仍然存在很多难以处理的特殊情况，表 4-1 简要描述了样本选择过程和样本异常原因。最后共获取了 255 家旅游上市企业 2006 年至 2019 年间 1870 个 Form 10-K 中发布的 51 008 个风险标题。

表 4-1　样本选择过程

样本选择	计数
企业	
所有样本企业（GICS 行业分类代码 = 253010，年份=[2006，2019]）	313
未上市的企业以及不要求进行风险披露的小企业	（58）
有风险披露的上市企业样本数量	255
Form 10-K	
样本上市企业发布的所有 Form 10-K	2 042
同一年份重复发布	（20）
没有 "Item 1A. Risk Factors" 的部分小企业	（143）
无法区分风险标题和风险解释	（9）
最终 Form 10-K 样本数量	1 870
风险标题	
最终实验样本包含的句子（风险标题）数量	51 008

4.3.3　参数设置

在应用 Sent-LDA 模型时，需要设置两个必要的参数，即风险主题数 k 和超参数 α。参照 Griffiths 和 Steyvers（2004）的研究，本节将 α 设置为 $50/k$。风险主题数 k 的取值对聚类结果有很大影响，关于它的具体设置过程将在下一段落中详细介绍。除上述两个参数外，模型运行过程中还需要设置 VEM 算法的收敛标准，参考 Bao 和 Datta（2014）的做法，将变分推断（variational inference，VI）算法的收敛界设置为 10^{-8}，期望极大化（expectation maximization，EM）算法的最大迭代次数设置为 10^{-5}。对同一风险主题数进行 30 次重复训练的结果表明，VEM 算法的这些参数设置可以使聚类结果保持稳定。

为了确定风险主题数 k 的最优取值，以往研究通常会采用困惑度（perplexity）指数的方法。困惑度可以简单理解成对聚类结果的不确定性（Azzopardi et al.，2003），因此，困惑度指数取值越小代表着模型的聚类准确率越高。一般地，对于

一个包含了 M 个文档的测试集 D_{test} 来说，困惑度指数可以用式（4-2）表示，其中 N_d 表示文档 d 中包含的单词数量，$p(w_d)$ 表示文档 d 中单词出现的概率。

$$\text{Perplexity}(D_{\text{test}}) = \exp\left(-\sum_{d=1}^{M} \log p(w_d) \Bigg/ \sum_{d=1}^{M} N_d \right) \qquad (4\text{-}2)$$

由式（4-2）可知，困惑度指数本身是一个随着主题数的增多不断减小的单调递减函数，即当增加 Sent-LDA 的主题数 k 时，模型能够更细致地刻画每个文档中的词分布，这使得模型对数据的拟合度提高。基于更多主题的模型有潜力更准确地估计 $p(w_d)$，使得 $\log p(w_d)$ 的值可能会变得更大，从而导致困惑度指数整体变小。当主题数 k 等于文档中包含的总句子数时，预期能够得到困惑度指数的最小值，但是此时的聚类结果并没有任何意义。因此，在使用困惑度指数来确定 k 的取值时，关注的并不是最优解而是使困惑度指数趋于稳定的值。通常认为，在使困惑度指数趋于平稳的范围内的主题数取值是相对较优的。如图 4-3 所示，研究基于 Blei 和 Lafferty（2007）介绍的十折交叉验证方法，计算得到了以 1 为步长的，主题数取值从 2 到 200 时的困惑度指数。从图中可以看出，当风险主题数取值为 120 时，困惑度指数开始趋于稳定。

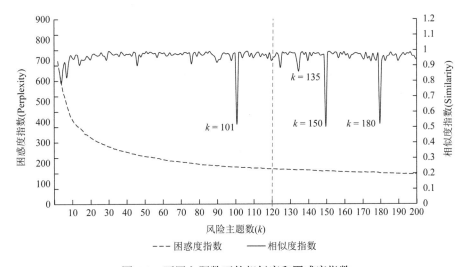

图 4-3　不同主题数下的相似度和困惑度指数

基于困惑度指数，可以粗略地确定最优风险主题数的范围，但仍然无法给出一个确切的取值。Grimmer 和 Stewart（2013）指出，主题数的确定不仅要依靠困惑度等统计指标，也需要考虑在实际情况中的表现。因此，在困惑度指数的结果基础上，本章研究还开展了入侵者实验来进一步优化风险聚类主题数的取值。入侵者实验的主要目的是在给定的一组词中找到"入侵者"，即一个与其他词不属于同一类别的词。当实验者认为删除某个词后会使剩下的词属于同一类别，那么可以认为这个词就是"入侵者"。虽然入侵者实验可以帮助我们更加精确地确定主题数的取值，但我们并不需要对所有 $k \geqslant 120$ 的实验结果都进行该实验，因为入侵者实验本身是一个人工成本非常高的过程，而且当主题数量增幅较小时，聚类结果通常没有明显变化，重复实验意义并不大。因此，为了高效地完成入侵者实验，本章研究提出了主题相似度的计算方法，通过计算主题相似度指数，可以实现对主题数取两个不同值时其聚类结果的相似度进行刻画，以此为依据，无须对主题相似度较高的两个模型同时进行入侵者实验。

将主题数取值为 k 的模型记作 m_k，运行模型 m_k 得到的一系列主题记为 T_k，T_k 中的第 i 个主题记作 $T_{k,i}$，$i \in \{1, \cdots, k\}$，则模型 m_k 和模型 m_{k-1} 的主题相似度指数可以用式（4-3）来表示：

$$\mathrm{MS}(m_{k-1}, m_k) = \frac{1}{k-1} \sum_{j=1}^{k-1} \max \left[\mathrm{Similarity}\left(T_{k-1,j}, T_{k,i}^{j-1} \right) \right] \tag{4-3}$$
$$i \in \{1, \cdots, k-j+1\}$$

其中，$T_{k,i}^{j-1}$ 表示从 T_k 中去掉使得 $\mathrm{Similarity}\left(T_{k-1,a}, T_{k,i}^{a-1} \right)(a \in \{1, \cdots, j-1\})$ 取值最大的 $j-1$ 个主题的主题集合。通过向量空间模型（vector space model，VSM）计算词分布向量 $T_{k-1,j}$ 和 $T_{k,i}^{j-1}$ 的余弦值，可以最终得到 $\mathrm{Similarity}\left(T_{k-1,j}, T_{k,i}^{j-1} \right)$ 的值，其中词向量由该主题下出现频率最高的 30 个单词组成。图 4-3 展示了主题数 k 取值范围为 3 到 200 时的相似度指数，从图中不难看出，只有当 k 取值为 101、135、150 以及 180 时，邻近的两个模型的聚类结果才会存在明显差异。因此，为了兼顾实验效率和准确性，仅需对困惑度指数趋于平稳的一段区间内 ($k \in [120, 130]$)，以及主题聚类结果发生显著变化的模型 ($k \in \{101, 135, 150, 180\}$) 开展入侵者实验即可。最终，选择对所有 $k \in [120, 130] \bigcup \{101, 135, 150, 180\}$ 的模型进行入侵者实验，以检验模型聚类准确度，并确定最优的主题数取值。

本章参考了由 Chang 等（2009）设计的实验过程来开展入侵者实验。首先，随机选择一个主题以及该主题下出现频率最高的五个单词，同时选择该主题下出现频率较低但在其他主题中出现频率较高的一个单词作为"入侵者"。其次，六个被选中的单词会在被打乱顺序后呈现给实验者。实验准确率的计算公式如式（4-4）所示，它能够反映出实验者之间的认知一致性和模型的分类准确性。其中，S 表示参与实验的总人数，$i_{k,s}^m$ 和 w_k^m 分别表示被实验者 s 选中的"入侵者"单词以及真正的"入侵者"单词，当这两个单词一样，即"入侵者"被成功识别时，$I()$ 取值为 1，反之则为 0。最后，模型 m 的入侵者实验准确率可以表示为各主题下 MP_k^m 取值的平均值。

$$\mathrm{MP}_k^m = \frac{1}{S}\sum_s I\left(i_{k,s}^m = w_k^m\right) \qquad (4\text{-}4)$$

入侵者实验任务由四位具有风险管理研究背景的专家共同参与完成。图 4-4 展示了实验结果精度的箱线图，可以清楚地看到，当主题数 k 取值为 125 时，实验结果的模型精准度最高。因此，本章研究最终选择将 125 作为主题数 k 的最优取值。

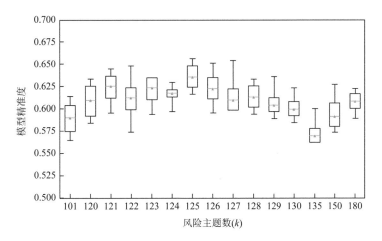

图 4-4　入侵者实验模型精准度

4.4　实　证　分　析

4.4.1　旅游企业风险感知识别

通过运行主题数为 125 的 Sent-LDA 模型，可以得到 125 个聚类主题。为了明确每个主题所描述的风险内容，需要对这 125 个主题进行标记，即根据每一个主题下的关键词分布，判断该主题描述的是哪一个具体的风险因素。尽管目前已经有很多自动文本标记方法（Mei et al.，2007），但当研究聚焦于某一具体的、需要专业知识作为支撑的领域时，这些方法通常会失效。为了确保更高的准确率，通常会采取人工标记的方法。为了完成人工标记任务，本章实验流程如下。

将 Bao 和 Datta（2014）以及 Huang 和 Li（2011）研究工作中定义的 32 种风险因素作为风险标签，实验者需要依据他们自己的专业知识将识别出来的 125 个主题和这 32 种风险因素进行匹配。当实验者认为某一主题不符合 32 个风险标签中的任意一个时，可将其命名为"其他风险"，并与其他成员进行进一步讨论，确定该主题的风险名称。在实际操作中，选择了 4 个风险管理领域的学者参与人工标记，并在实验开始前向他们详细介绍了研究目的，然后，4 位参与者独立地完成标记工作并在结束后一起讨论和优化标记结果。结果显示，4 位参与者的标记结果具有高度的一致性，进一步证明了实验结果的可解释性和 Sent-LDA 模型在处理此类问题上的适用性。

　　经过人工标记，研究得到了 125 个旅游企业风险感知主题。但是由于很难对125 个风险主题一一进行详细的描述，因此，在接下来的步骤中，本章研究参照Dyer 等（2017）和 Li 等（2022）的做法，将 125 个风险主题按照其所描述的具体风险内容归类为 30 个主要的风险类别。在主题聚类的过程中，有两个实验细节需要详细说明：首先，在实验开始前，为了降低噪声干扰，本章研究将一些经常出现但没有实际意义的常见词汇（如介词、与旅游和风险相关的词汇、程度副词等）作为停用词进行了预处理；其次，由于有些句子没有清晰地描述某一类特定的风险，因此很难对其进行准确的风险标记，为此，实验设置了"其他风险"这一类别对这种异常情况进行容错（Bao and Datta，2014）。最终实验得到了 31 个旅游企业风险感知类别，详细信息如表 4-2 所示。

表 4-2　旅游企业风险感知类别描述

序号	风险感知类别	占比	是否在以下研究中出现过？	
			Bao 和 Datta（2014）	Huang 和 Li（2011）
R01	管理法规风险	11.53%	是	是
R02	业务扩张风险	10.73%	是	是
R03	股票波动风险	9.79%	是	是
R04	市场风险	6.27%	是	是
R05	成本风险	4.79%	是	否
R06	债务风险	4.50%	是	否
R07	信息技术风险	3.89%	是	是
R08	合作伙伴风险	3.72%	否	否
R09	人力资源风险	3.62%	是	是
R10	竞争风险	3.51%	是	是
R11	融资风险	3.27%	是	是
R12	诉讼风险	3.22%	是	是
R13	供应链风险	2.41%	是	是
R14	需求波动风险	2.38%	是	是
R15	投资风险	2.34%	是	否
R16	利益冲突风险	2.18%	是	是
R17	保险风险	1.98%	否	否

序号	风险感知类别	占比	是否在以下研究中出现过？	
			Bao 和 Datta（2014）	Huang 和 Li（2011）
R18	知识产权风险	1.79%	是	是
R19	信用风险	1.77%	是	否
R20	内部控制风险	1.69%	否	否
R21	资产减值风险	1.64%	否	否
R22	灾害风险	1.51%	是	是
R23	税务风险	1.44%	是	否
R24	季节风险	1.24%	否	否
R25	声誉风险	1.22%	否	否
R26	租约风险	1.05%	否	否
R27	国际化风险	0.92%	是	是
R28	食品安全风险	0.79%	否	否
R29	疫情风险	0.58%	否	否
R30	运营中断风险	0.43%	是	是
R31	其他风险	3.82%		

聚焦旅游行业，能够识别出一些被之前以所有上市公司为样本的研究忽略的新的风险感知因素。这些新识别的风险在一定程度上可以体现出旅游行业的特征。例如，季节风险可以反映旅游活动明显的季节性，疫情风险映射出旅游行业对公共卫生安全事件十分敏感，这一点在新冠疫情期间也得到了事实验证（黄世忠等，2021；Duan et al.，2020）。表 4-3 对这些本书中新识别出的风险感知因素进行了定义描述，其他风险类别的定义可参见 Bao 和 Datta（2014）以及 Huang 和 Li（2011）的研究工作。

表 4-3　新识别风险感知因素定义及示例

序号	风险名称	风险定义及示例
1	合作伙伴风险	企业在与合作伙伴合作过程中面临的一系列风险，如过于依赖第三方平台以及无法控制分支机构的运营等。例如"通过合作伙伴或合资企业进行投资会降低我们管理风险的能力"
2	保险风险	保险无法覆盖企业的损失，从而会降低企业的预期利润。例如"我们目前的保险覆盖范围可能不够大，我们的保险费用可能会增加"
3	内部控制风险	内部控制和管理的失败。例如"如果我们不能维持有效的内部控制，我们可能无法准确地报告财务结果"
4	资产减值风险	与资产（包括固定资产和无形资产）价值突然衰减相关的风险。例如"资产或商誉减值可能会增加我们的债务违约风险"

序号	风险名称	风险定义及示例
5	季节风险	季节性波动带来的风险。例如"我们的业务具有很强的季节性，不利的天气条件会对我们的业务造成不利影响"
6	声誉风险	企业由于客户信息泄露等日常运作过程中的负面事件而受到负面评价的风险。例如"我们员工的不当行为可能会损害我们的声誉，并对我们的业务运营造成不利影响"
7	租约风险	与租赁有关的财务和合同风险。例如"一方面，我们可能会被长期和不可取消的租约束缚；另一方面，我们可能无法在租约期满时续约我们希望能延长的租赁合同"
8	食品安全风险	与食品安全事件相关的负面影响。例如"食品安全和食源性疾病问题可能会对我们的业务产生不利影响"
9	疫情风险	由疫情暴发引起的健康担忧给企业运营带来的障碍。例如"地区性或全球性的卫生大流行会严重影响我们的业务"

为了提供更多的信息，本节剩余部分将从外部的行业代表性、内部的子行业差异性以及时间变化趋势三个视角出发，进一步对识别出来的旅游企业风险感知因素进行讨论。

4.4.2　风险感知的行业代表性

为了验证本章的风险识别结果是否具有旅游行业代表性，本节进一步将识别出的感知比例最高的五个风险因素以及旅游行业的代表性风险与银行业和能源行业的研究成果进行对比（表4-4），其中能源行业和银行业的结果分别引自 Wei 等（2019a）和 Wei 等（2019b）的研究。

表 4-4　行业间风险感知对比

行业	感知比例最高的风险		行业代表性风险	
	风险名称	占比	风险名称	占比
能源行业	管理法规风险	12.38%	钻探风险	5.07%
	能源价格风险	7.30%	管道风险	2.67%
	利益冲突风险	6.78%	勘探风险	2.51%
	企业并购风险	5.96%	衍生品风险	1.92%
	股票波动风险	5.76%	电力传输风险	1.55%
银行业	管理法规风险	16.64%	资产价值波动风险	7.22%
	企业战略风险	14.89%	借款机构业务发展风险	2.71%
	管理运营风险	13.02%	财务费用风险	3.21%
	贷款损失风险	9.38%	金融机构间业务互动风险	1.38%
	资产价值波动风险	7.22%	国家信用评级风险	0.16%

续表

行业	感知比例最高的风险		行业代表性风险	
	风险名称	占比	风险名称	占比
旅游业	管理法规风险	11.53%	合作伙伴风险	3.72%
	业务扩张风险	10.73%	需求波动风险	2.38%
	股票波动风险	9.79%	季节风险	1.24%
	市场风险	6.27%	食品安全风险	0.79%
	成本风险	4.79%	疫情风险	0.58%

如表 4-4 所示，管理法规风险在三个行业中都是感知比例最高的风险类型，股票价格及资产价值的波动引发的相关风险也是各行业都普遍面临的潜在威胁。除上述共性的风险因素外，不同行业间的差异性也十分明显。对能源行业来说，与能源价格、勘探和传输相关的风险相对显著。对于银行业来说，风险与企业战略制定、资金运作、贷款等业务联系更加密切。而对于旅游业，其呈现出的风险特征则完全不同，不仅业务扩张风险拥有较高的感知比例，成本风险、合作伙伴风险、需求波动风险以及疫情风险都可以反映出旅游行业的特质。以合作伙伴风险和需求波动风险为例，可以从以下两个方面来解释这一现象。首先，旅游是一种无形的产品，它涉及的服务种类很多，企业的产品销售强烈依赖于第三方预订和支付平台（张璐和秦进，2012），而完善的旅游服务也依赖于特许经营权的合理下放（Guo et al.，2013）。其次，不同于能源消费和金融业务，旅游作为马斯洛需求层次中的高层次需求，并非日常生活中的必需品。因此，其需求对国际政治、经济和气候条件极为敏感，除外部因素外，游客自身的旅游偏好也具有很强的波动性，最终导致旅游企业的生产经营面临着强烈的需求不确定性（Gautam，2012；Ridderstaat et al.，2014）。上述这些事实都证明了旅游业风险识别的必要性和合理性。

4.4.3　风险感知的子行业差异性

本节根据 GICS 将旅游业进一步划分为酒店、度假村和邮轮行业，休闲设施行业，餐饮行业三个子行业，分别计算每个子行业中感知比例最高的前十类风险因素，并进一步比较它们之间的差异性，以区分不同子行业风险感知的差异性。

如表 4-5 至表 4-7 所示，管理法规风险、股票波动风险、业务扩张风险和市场风险在所有子行业中的感知比例都较高，但它们之间也存在一些明显的差异。如表 4-5 所示，休闲设施行业与其他两个行业相比具有较高的债务风险、人力资源风险和融资风险上。此外，由于户外活动较多，发生灾难的概率比较高。较大的占地面积也使得其投资风险非常显著,这一点对于酒店、度假村和邮轮行业来说也是一样的。

表 4-5　休闲设施行业风险感知

序号	风险类别	风险占比
1	股票波动风险	13.14%
2	业务扩张风险	11.32%
3	管理法规风险	9.51%
4	市场风险	6.74%
5	债务风险	6.23%
6	投资风险	6.16%
7	人力资源风险	4.36%
8	融资风险	4.05%
9	灾害风险	3.74%
10	成本风险	2.79%

　　如表 4-6 所示,对于餐饮行业而言,它们的发展战略成功与否很大程度上依赖于能否顺利扩展新餐厅和特许经营业务,这也导致了餐饮行业呈现出更高的业务扩张风险。作为与消费者接触最密切的子行业,其销售很容易受到消费者偏好或可自由支配收入的影响,表现出了较高的需求波动风险。此外,餐饮行业对原材料供应的依赖性很强,使得供应链风险、成本风险都相对较大。除此之外,由食品安全引发的诉讼风险也是一个重要的特征风险。

表 4-6　餐饮行业风险感知

序号	风险类别	风险占比
1	业务扩张风险	12.25%
2	管理法规风险	12.22%
3	股票波动风险	8.93%
4	成本风险	5.67%
5	市场风险	5.41%
6	信息技术风险	4.99%
7	供应链风险	4.79%
8	诉讼风险	4.70%
9	竞争风险	3.95%
10	需求波动风险	3.38%

如表 4-7 所示，对于酒店、度假村、邮轮行业来说，除了与餐饮行业类似的原因导致成本风险较高外，其合作伙伴风险也非常突出，因为第三方旅游网站和互联网预订渠道的快速发展和应用可能会对他们的收入产生负面影响（Law，2006）。上述这些差异可以反映子行业间不同的业务特征，这对于提供更有针对性的决策建议和风险对冲策略具有重要意义。

表 4-7   酒店、度假村和邮轮行业风险感知

序号	风险类别	风险占比
1	管理法规风险	9.75%
2	股票波动风险	9.49%
3	业务扩张风险	9.40%
4	市场风险	9.07%
5	合作伙伴风险	8.45%
6	成本风险	5.11%
7	投资风险	4.64%
8	利益冲突风险	4.46%
9	债务风险	4.37%
10	融资风险	3.48%

4.4.4   风险感知的时间变化趋势

为了刻画旅游企业的风险感知在不同年份的变化情况，本章研究绘制了如图 4-5 至图 4-7 所示的三类风险感知变化趋势图。其中，图 4-5 是样本期内累计感知比例最高的前五个风险的变化趋势，图 4-6 是感知比例几何增长率最高的前五个风险的变化趋势，图 4-7 是感知比例衰减率最高的前五个风险的变化趋势。

从图 4-5 中可以看出，历年高感知比例的风险因素都相对稳定。其中，金融危机后市场风险和股票波动风险显著增加。图 4-6 的结果表明信息技术风险不仅感知比例较高，而且呈现出了快速增长的趋势（2006 年至 2019 年间增长率为 4.98%），暗示了随着网络技术的发展和在线交易的普及，网络安全对旅游企业运营的重要性（郭捷，2020）。虽然疫情风险和食品安全风险每年的感知比例很低，但都呈现出明显的增长趋势，增长率分别为 5.86% 和 4.36%。因此，与游客健康相关的突发事件也需要引起利益相关者的关注。此外，税务风险和资产减值风险的增长率也相对较高，分别达到了 5.98% 和 5.25%。

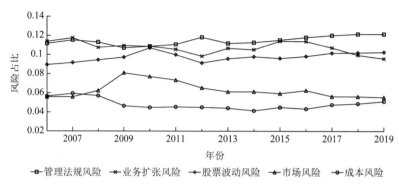

图 4-5　高感知比例风险因素的时间变化趋势

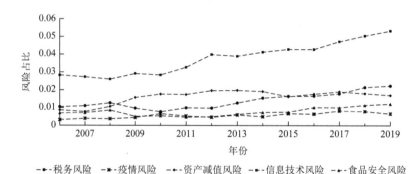

图 4-6　感知比例增长最快的风险因素的时间变化趋势

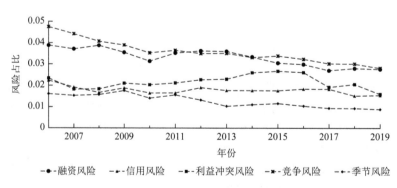

图 4-7　感知比例下降最快的风险因素的时间变化趋势

图 4-7 所示的风险因素的感知比例随着年份的增长呈下降趋势。其中，季节风险的年均衰减率最高，为 4.47%，这是随着旅游产品的多样化和旅游活动的日益普及，旅游业的季节障碍逐渐减少的必然结果。除季节风险外，其他四种风险 2006 年至 2019 年间的年均衰减率分别为竞争风险 3.95%、利益冲突风险 2.90%、信用风险 2.80%、融资风险 2.57%。

4.5　本　章　小　结

本章成功地利用改进的文本挖掘技术从年报风险披露文本数据中识别出了旅游企业的风险感知因素，解决了旅游企业风险识别难的研究问题。通过对255 家上市旅游企业的 51 008 个风险标题进行实证分析，本章得到的主要结论如下。

（1）研究识别出了旅游企业的 30 类主要的风险感知因素。其中，管理法规风险、业务扩张风险和股票波动风险是旅游企业最常见的风险感知类型。

（2）从和其他行业的对比结果来看，合作伙伴风险、需求波动风险、季节风险、食品安全风险、疫情风险构成了旅游行业最具代表性的风险类型。

（3）从内部来看，每个子行业都有其独特的业务特点，其风险感知也各不相同。合作伙伴风险是酒店、度假村和邮轮行业的代表性风险；高投资风险和灾害风险是休闲设施行业户外活动多、占地面积大的客观反映；供应链风险、诉讼风险、需求波动风险可以体现餐饮行业的特点。

（4）从时间维度上看，大部分风险感知都保持着相对稳定的披露比例，年均波动率超过 4%的风险包括税务风险（5.98%）、疫情风险（5.86%）、资产减值风险（5.25%）、信息技术风险（4.98%）、食品安全风险（4.36%）和季节风险（−4.47%）。

本章研究结果具有一定的现实意义。首先，结论可以帮助投资者更好地了解旅游企业的风险状况，在进行更细致的投资选择时，不同子行业之间的风险差异可以为其制定合理的风险对冲策略提供参考依据。对于管理者来说，应更加关注感知比例较高的风险因素，并在日常经营过程中不断优化业务结构，提高应对能力。其次，虽然疫情风险和食品安全风险披露比例较低，但波动性和不确定性较强，一旦发生风险，带来的影响可能是毁灭性的，应引起高度重视。为此，管理者需要加强食品安全管理，严格把控采购、生产、销售各个环节，通过创新提升智能化水平和多元化业务类型，这些都能在应对公共安全事件中发挥关键作用。

第 5 章　旅游企业风险感知影响作用测度

第 4 章的研究基于文本大数据和有效的文本挖掘技术实现了对旅游企业风险感知全面系统的识别，为更加多元化的旅游企业风险研究奠定了基础。本章将以第 4 章的风险识别结果为基础，进一步探究这些风险感知因素的影响作用。本章将风险感知的披露次数与能够有效表征投资者信心强度的股票市场交易数据相结合，借助面板回归模型，对风险感知的影响作用进行测度，以识别会对投资者信心强度产生负面影响的关键风险因素，从而为企业进行更加高效的风险管理提供科学指导。

5.1　引　　言

企业作为旅游活动中的重要参与主体，其存在主要是为游客和投资者等利益相关者提供服务和价值，并实现利益最大化，但复杂多变的内外部环境对企业提出了新的挑战，它要求管理者能够有效识别和应对企业面临的风险因素。然而，并不是所有的风险都意味着损失（Paraskevas and Quek，2019），企业的人力物力等管理条件也存在上限，因此，如何评估不同风险的影响作用并制定合理的资源调配和管控战略是企业管理者应该重点关心的问题。

回顾目前的旅游企业风险研究，已经有不少工作就风险对企业的影响作用展开了讨论。例如，Craig（2019）以美国露营企业为研究对象，实证检验了气候变化对每日露营使用率的重要影响；Corbet 等（2019）以欧洲航空业为例，刻画了恐怖袭击对航班上座率、机票价格及收入的影响；Zopiatis 等（2019）在全球视角下，量化了自 2000 年以来发生的重大恐怖主义行为、自然灾害和战争冲突对旅游股票价格指数的影响。这些研究工作宏观地刻画了风险事件对目的地旅游企业的影响作用，但从数据和样本选择上可以发现，这些研究都是基于已发生的历史风险事件开展的。Paraskevas 和 Quek（2019）的研究明确指出了风险和危机之间的差异性，认为风险具有明显的不确定属性，可能发生也可能不会发生，而危机是已经发生的风险事件。因此，上述研究严格来说是在风险演变为危机后，对危机影响作用的测度。

虽然危机事件对企业自身发展的影响作用研究必不可少，但风险并不是只有演变为真实的危机事件后才会对主体产生实质性的影响，这一点在风险感知对游客行为决策的影响作用研究中已经得到了广泛的验证，而且越来越多的研究也证明了游客对于潜在风险的感知已经超过真实风险事件，成为左右游客旅游决策的关键因素（张晨等，2017）。因此，对企业风险感知影响作用的探讨对于企业落实更加全面高效的风险管理政策具有重要的意义。

虽然企业风险感知影响作用研究必要且紧迫，但由于缺少能够有效表征企业风险感知的有效数据源，潜在风险对旅游企业发展的影响作用还尚未得到验证。第 4 章的研究工作证明了企业年报中的风险披露数据可以作为识别旅游行业风险感知全貌的有效数据来源，并成功识别出了旅游企业面临的 30 种主要的风险感知因素，为刻画风险感知的影响作用提供了可量化、可比较的研究环境。

因此，本章的主要研究目的是在第 4 章研究工作的成果基础上，进一步验证旅游企业的 30 种主要的风险感知因素是否以及如何影响旅游企业发展，从而弥补现有研究的缺失。本章将重点检验企业风险感知因素是否以及如何对投资者信心产生冲击。为了实现这一目标，本章构建了样本企业 30 种主要的风险感知因素的年度披露次数与能够有效表征投资者信心强度变化的企业股票市场表现的面板回归模型。研究成果可以帮助企业了解不同风险因素的影响作用，从而识别出对企业健康运行具有重要阻碍作用的关键风险因素，这将会对企业提高风险管控效率产生重要的指导作用。

本章剩余部分的结构安排如下：5.2 节介绍了企业风险感知披露如何通过影响投资者风险感知及信心变化来影响企业发展；5.3 节对如何获取和处理数据以及如何选择和设置模型进行了描述；5.4 节分析了实证结果；5.5 节展现了本章的主要结论和实践价值。

5.2　企业风险感知披露与投资者信心

主体的风险感知通常会对行为决策产生一定的影响。例如，新冠疫情的暴发使大众感知到了强烈的健康风险，并因此做出了减少旅游活动的决策。游客作为旅游行业主要的利润制造者，游客风险感知对其自身行为决策的影响作用受到了学者们的广泛关注（Karl，2018；Schwartz and Chen，2012）。与游客通过调查问卷、访谈及在线评论等形式表达风险感知的方式不同，按照美国证券交易委员会的要求，企业需要通过年报以文字的方式向外界传递正在面临的风险信息，以及对未来可能会面临的风险因素的感知（Li et al.，2020a）。由于企业年报披露信息是投资者了解企业经营状况和未来发展趋势的重要信息来源（肖土盛等，2017），因此企业的风险感知除了对管理者的风险管控和战略制定产生直接影响外，这部分信息也会为投资者评估企业风险提供重要的参考依据（Securities and Exchange Commission，2005）。投资者会根据企业年报中的风险披露信息对企业的风险状况和未来营收能力形成一定的心理预期（刘建梅和王存峰，2021），而投资者的信心变化是塑造其投资行为的基础（文凤华等，2014），也是影响企业收益和市场运作的重要因素之一（李玲等，2018；Baker and Wurgler，2007）。投资者情绪和信心波动对金融市场收益率及其波动性的影响已经得到了广泛验证和认可（沈银芳和严鑫，2022；Zargar and Kumar，2021）。因此，探究旅游企业风险感知披露对投资者信心强度的影响作用十分必要。

关于企业年报中披露的风险感知因素是否以及如何影响投资者对企业未来发展的信心和相应的行为决策一直存在争议。积极的观点认为，公司在其年报中披露的风险因素可以促使管理者直面公司运营过程中存在的风险和不确定性隐患，并采取相应的行动防范和化解风险危机，从而提升投资者对企业的信心，激励更加稳健、乐观的投资行为（Beyer et al.，2010；Clement et al.，2003）。消极的观点认为，由于企业在风险披露的过程中向外界传递了较多负面的风险信息却并没有给出切实可行的解决方案，因此会增加投资者对企业未来发展的担忧，打击投资者信心，从而引发更加波动、消极的投资行为（Kim and Verrecchia 1994；Kravet and Muslu，2013）。与上述两种认为企业风险披露会对投资者信心及投资行为产生影响的观点不同，中立的观点认为企业模棱两可的风险披露并不足以引起投资者的情绪波动和信心强度变化，因此也不会对其投资行为产生实质性影响（Campbell et al.，2014）。

为了对上述三种观点进行验证，很多学者已经开展了丰富的研究工作。在早期，Li（2006）通过统计企业年报中"风险"和"不确定性"的出现次数验证了年报文本的风险情绪增加会显著降低企业的未来收益和股票回报。Li（2010）分析年报中前瞻性披露文本的语调发现，消极的文本披露语调通常伴随着相对低迷的企业资产回报率和流动性。这些研究初步说明了，管理者对风险信息的描述通常会对企业的未来收益产生负面影响。在接下来的研究中，Campbell 等（2014）以及 Kravet 和 Muslu（2013）通过预定义风险类别和风险字典，证明了企业在风险因子部分中的风险披露向市场传达了有效的信息，作为影响投资者评估企业风险状况和制定投资决策的重要因素，对企业年报发布后的股票收益波动率和交易量等产生了显著影响。

上述研究在对风险进行刻画时，普遍采用了字典方法，通过统计风险关键词的出现频率来表征风险的披露次数。这种方法能够简单便捷地识别文本中的风险信息，但由于过于依赖实验者的先验知识，通常没有办法对企业风险进行全面且详细的捕捉。例如，Campbell 等（2014）的研究中仅定义了金融风险、其他非系统性风险、法律法规风险、其他系统性风险、税收风险五个风险类别。

为了解决这个研究缺陷，Bao 和 Datta（2014）的研究从所有美国上市企业的年报风险披露数据中挖掘出了 30 类企业风险类别，并通过将 30 类风险的年度披露次数与企业的股票收益波动率进行回归，进一步识别了每一类风险因素对投资者风险感知的影响作用。Bao 和 Datta（2014）的研究通过文本挖掘成功解决了风险因素刻画片面性的问题，然而以所有上市公司作为样本的回归分析似乎忽略了不同行业运营环境和风险特征的差异性。例如，新冠疫情对于医疗企业和旅游企业的影响作用截然不同，投资者对于企业暴露于这些风险的感知也可能存在差异。因此，有必要在研究时区分不同行业，以消除不同行业之间可能存在的风险累积或对冲效应。本章研究内容考虑到了不同行业间的风险特征差异性，并在旅游行业的研究背景下对企业的风险感知因素披露是否以及如何影响投资者信心强度及行为决策进行验证，预期结果能够为旅游企业的健康发展提供理论支撑。

首先，年报中的风险披露是美国证券交易委员会强制要求企业进行披露的。因此，我们有理由相信这些报告可以帮助投资者识别和了解公司面临的风险困境（Lyle et al.，2023）。以往的研究也表明，公司的风险披露可以为市场提供充足的信息（Campbell et al.，2014；Kravet and Muslu，2013）。然而，另一种长期存在的批评性观点提出，年报中的风险披露可能缺乏信息价值（Bao and Datta，2014；Schrand and Elliott，1998）。一方面，由于行业实体以利益最大化为目标，为了维护公司的利益，管理层可能会有选择地披露风险（Brown et al.，2020；Lo et al.，2017）。例如，为了逃避监管，公司可能会披露一些一般化的风险，而这些风险认知并不能为投资者提供额外的信息（Bao and Datta，2014；Dyer et al.，2017；Hoberg and Lewis，2017）。此外，同行效应也可能会导致信息披露过度（Seo，2021），当风险被频繁披露，但大多数被披露的信息并不翔实时，可能并不会对投资者的信心产生实质性影响。因此，风险披露的影响作用不能一概而论，可能会因为风险属性和行业特征的差异而表现各异（Feng et al.，2023）。例如，季节风险可能是旅游行业中十分常见的风险威胁，但由于其普遍性，可能不会引起投资者的强烈反响。根据上述讨论，提出以下研究假设。

假设 A：不是所有的旅游企业风险感知都会影响投资者的信心。

其次，风险感知是一种受个人经验影响的主观判断。管理者和投资者作为两类不同的主体，其拥有的先验知识以及对企业发展的利益诉求都存在明显差异。因此，公司认为重要的风险感知不一定会对投资者的信心有实质性影响。例如，管理者可能会担心自然灾害对企业业绩的影响，而投资者可能并不关心企业无法控制的小概率风险事件。基于上述分析，提出以下假设。

假设 B：公司认为重要的风险不一定是对投资者信心有重大影响的风险。

5.3　模型方法与数据

本章的主要目标是检验企业风险感知披露是否以及如何影响投资者的信心强度。为了实现上述目标，本章研究的整体设计如图 5-1 所示。首先，本章研究将在第 4 章旅游企业风险感知识别成果的基础上，对企业风险感知的年度披露次数及披露特征等进行统计和描述。其次，借助有效的替代变量对二级市场中投资者的信心强度进行刻画。最后，通过面板回归模型检验企业风险感知对投资者信心的影响作用，并根据实验结论讨论本章的理论贡献和管理启示。

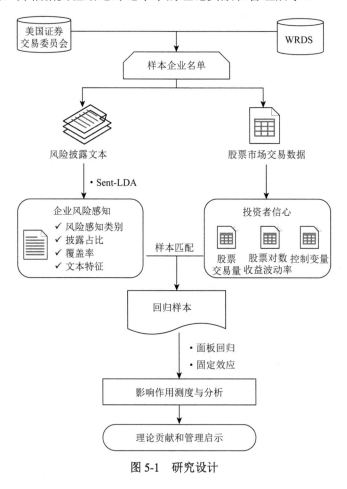

图 5-1　研究设计

5.3.1　企业风险感知刻画

在对风险感知数据进行收集与处理时，需要对第 4 章中识别出的 30 类主要的风险感知类别在不同样本企业的年度披露次数进行统计。以市场风险为例，如果企业在本年度的年报中没有与市场风险相关的描述，则可以认为该企业本年度的市场风险披露次数为 0。反之，如果有对市场风险的描述，则描述市场风险的风险标题数量即为该企业本年度市场风险的披露次数。上市企业通常会有比较固定的披露格式，这种不同年度风险披露内容的微弱变化通常被称作披露黏性（Dyer et al.，2017）。在此背景下，我们认为真正影响投资者信心的并非企业的风险感知披露频率，而是其在不同年份间的变化趋势。因此，本章研究进一步对样本企业在不同年度风险披露次数的绝对变化量进行了计算。

此外，Campbell 等（2014）以及 Miller（2010）等的实验结果证明了风险年报披露长度及内容可读性会对投资者的风险感知及行为决策产生一定的影响。因此，研究对样本企业每年的风险披露文本所包含的句子数量以及单词数量进行统计，并将其作为控制变量加入模型中，以实现对披露文本长度影响作用的控制（Lehavy et al.，2011）。此外，为了消除披露文本可读性的影响作用，研究参考 Li（2008）、Nelson 和 Pritchard（2016）以及 You 和 Zhang（2009）等的研究设计，对风险披露（包括标题和详细解释两个部分）的句子数量、单词数量进行了统计，并进一步计算了风险披露文本的迷雾指数（Gunning fog index，用 Fog 表示），计算方法如式（5-1）所示：

$$Fog = 0.4 \times [(单词总数 / 句子总数) + 100 \times (复杂单词数量 / 单词总数)] \quad (5\text{-}1)$$

5.3.2　投资者信心测度

为了识别旅游企业风险感知对投资者信心的影响作用，本章参考了 Bao 和 Datta（2014）以及 Kravet 和 Muslu（2013）的设计，选择了股票交易量和股票对数收益波动率两个指标作为投资者信心的替代变量。其中，股票交易量和股票对数收益波动率分别被证明是能够有效反映投资者的信念修正和意见分歧的替代变量（Garfinkel，2009；Kim and Verrecchia，1991；Shalen，1993）。如果年报中的风险披露能够向投资者传递有效的风险信息，那么投资者对企业未来业绩表现的预测区间将会扩大，引发更大的信念修正，从而产生更高的股票交易量和股票对数收益波动率（Bamber and Cheon，1995；Morck et al.，2000）。因此，如果年报发布后企业的股票交易量和股票对数收益波动率增加，能够反映出投资者风险感知程度增加，信心水平下降。

考虑到投资具有一定的周期性，本章利用 Python 爬虫程序，获取了样本企业每年的年报发布日期，并进一步计算出年报发布日期前后 60 个交易日的日平均股票交易量和股票对数收益波动率。其中，年报发布日期后 60 个交易日的日平均股票交易量和股票对数收益波动率将作为因变量测度投资者在接收企业风险披露信息后的信心强度（Bao and Datta，2014；Garfinkel，2009；Kravet and Muslu，2013）。参考 Kravet 和 Muslu（2013）的处理方式，实际计算过程中为了保持相近的量级，交易量按实际日交易量除以已发行股票数取值。

5.3.3　回归模型设置

为了验证 5.2 节提出的两个研究假设，如前文所述，使用股票交易量和股票对数收益波动率作为投资者信心的替代变量即模型的因变量。考虑到企业风险披露的黏性，使用不同年度风险感知披露次数的一阶差分作为解释变量。为了控制股票市场基本环境对因变量的影响，参考 Bao 和 Datta（2014）、Garfinkel（2009）以及 Kravet 和 Muslu（2013）的研究设计，本章选择了年报发布日期后 60 个交易日的日平均股票交易量和股票对数收益波动率、每日收盘价格、每股收益以及企业市值作为控制变量。此外，为控制年报可读性对实验结果的影响，风险披露的句子数量、单词数量以及迷雾指数也作为控制变量被纳入回归方程中。

在计算了风险披露次数及其文本特征等，并获取了企业的股票市场交易数据后，这两部分数据将以企业 CIK 和发布日期作为标识进行合并，得到样本企业 2006 年至 2019 年间风险披露和股票交易的面板数据。为了保证结果的有效性，实验过程中仅保留了具有 5 年以上连续观测数据的企业，最终的实验样本包含 137 个旅游上市企业的 1352 个年度观测值。表 5-1 展示了用于回归分析的样本数据的筛选过程。

表 5-1　回归分析样本筛选过程

样本筛选过程	企业	观测值
筛选用于企业风险感知识别的样本	255	2042
筛选无法获得股票市场交易数据的样本	（33）	
筛选无法获得 5 年以上连续观测数据的样本	（85）	
最终样本	137	1352

利用面板回归模型对代表投资者信心强度的股票市场交易数据与代表企业风险感知状态的风险披露次数数据建立回归模型，如模型（5-2）和模型（5-3）所示。其中，Δ 表示对风险披露次数进行一阶差分；$\beta_T(T \in [1,30])$ 包含了 30 类主要的风险感知类别对企业股票市场表现的影响方向和强度信息，是本次实验关注的重点；α_i 表示常数项；ε_{it} 表示误差项。

$$\text{Volume2}_{it} = \alpha_i + \beta_1 \text{Volume1}_{it} + \beta_2 \text{EPS}_{it} + \beta_3 \text{Price}_{it} + \beta_4 \text{Log\_Size}_{it} + \beta_5 \text{Fog}_{it}$$
$$+ \beta_6 \text{Word\_Number}_{it} + \beta_7 \text{Sent\_Number}_{it} + \beta_T \Delta \text{Risk}_{it} + \varepsilon_{it}$$

（5-2）

$$\text{Log\_SRV2}_{it} = \alpha_i + \beta_1 \text{Log\_SRV1}_{it} + \beta_2 \text{EPS}_{it} + \beta_3 \text{Price}_{it} + \beta_4 \text{Log\_Size}_{it} + \beta_5 \text{Fog}_{it}$$
$$+ \beta_6 \text{Word\_Number}_{it} + \beta_7 \text{Sent\_Number}_{it} + \beta_T \Delta \text{Risk}_{it} + \varepsilon_{it}$$

（5-3）

经过上述数据获取及处理后,实验过程中涉及的变量及其解释如表 5-2 所示,其中,时间 t 的取值范围为 2006～2019, i 的取值范围为 1～137。

表 5-2 变量描述

	变量	变量描述
因变量	Log_SRV2_{it}	样本企业 i 在 t 财政年度年报发布之后 60 个交易日的股票对数收益波动率的对数取值
	Volume2_{it}	样本企业 i 在 t 财政年度年报发布之后 60 个交易日的平均股票交易量
自变量	Risk_{it}	样本企业 i 在 t 财政年度的风险感知披露次数
控制变量	Log_SRV1_{it}	样本企业 i 在 t 财政年度年报发布之前 60 个交易日的股票对数收益波动率的对数取值
	Volume1_{it}	样本企业 i 在 t 财政年度年报发布之前 60 个交易日的平均股票交易量
	EPS_{it}	样本企业 i 在 t 财政年度年报发布日当日的每股收益
	Price_{it}	样本企业 i 在 t 财政年度年报发布日当日的股票收盘价格
	Log_Size_{it}	样本企业 i 在 t 财政年度年报发布日当日市值的对数取值
	Fog_{it}	样本企业 i 在 t 财政年度发布的年报中风险披露的迷雾指数
	Word_Number_{it}	样本企业 i 在 t 财政年度发布的年报中风险披露文本所包含的单词数量
	Sent_Number_{it}	样本企业 i 在 t 财政年度发布的年报中风险披露文本所包含的句子数量

5.4 实 证 分 析

5.4.1 企业风险感知是否影响投资者信心

考虑到时间序列平稳性假设是传统回归模型赖以实施的重要基础,如果数据不平稳,会使回归分析中存在伪回归。因此,平稳性检验通常是时间序列分析的关键,也是首要步骤。为了得到更加严谨的实验结果,对各实验变量进行了单位根检验，三种常见的稳健性检验方法[LLC（Levin-Lin-Chu）检验、ADF（augmented Dickey-Fuller）检验、PP（Phillips-Perron）检验]下，所有变量序列中都不存在单位根过程，满足变量平稳的前提要求。表 5-3 展示了实验变量的描述性统计结果，如表 5-3 所示，旅游企业对不同风险的感知强度存在明显的差异。风险感知的平均强度最低为 0.1139，即在所有风险类别中，企业认为运营中断风险相对较低。相比之下，企业认为管理法规风险发生的概率很高。

表 5-3 变量描述性统计

变量	均值	最大值	最小值	标准差	单位根检验		
					LLC	ADF	PP
Log_SRV2	−3.222 7	−0.510 9	−5.414 2	0.557 2	−46.046***	509.069***	625.915***
Log_SRV1	−3.217 6	−0.141 7	−4.987 2	0.544 1	−37.032***	537.361***	696.366***
Volume2	9.256 1	88.301 9	0.000 6	9.137 2	−8.050***	401.842***	390.229***
Volume1	8.504 1	61.509 5	0.001 1	8.163 7	−8.882***	368.100***	403.157***
EPS	0.940 2	15.300 0	−56.630 0	2.732 1	−6.208***	363.566***	406.644***
Price	31.596 3	676.000 0	0.004 0	49.218 1	−3.944***	413.975***	471.228***
Log_Size	5.715 1	8.146 7	2.752 5	0.985 1	−12.905***	352.870***	358.517***
Fog	22.523 4	49.188 1	17.028 2	2.800 3	−45.878***	430.817***	507.022***
Word_Number	6 659.355 0	30 869	337	4 110.619 2	−38.981***	339.607***	433.906***
Sent_Number	215.318 0	922	17	124.209 8	−31.441***	332.053***	419.551***
R01_管理法规风险	3.140 5	16	0	2.627 0	−17.334***	415.256***	658.893***
R02_业务扩张风险	2.756 7	32	0	2.982 7	−18.918***	451.910***	720.584***
R03_股票波动风险	2.500 7	19	0	2.647 0	−15.218***	345.615***	550.669***
R04_市场风险	1.644 2	12	0	1.879 4	−15.714***	311.377***	531.706***
R05_成本风险	1.281 1	10	0	1.522 9	−20.053***	293.787***	443.116***
R06_债务风险	1.048 8	7	0	1.373 0	−18.620***	350.126***	503.428***
R07_信息技术风险	1.081 4	15	0	1.438 9	−16.258***	323.441***	474.281***
R08_合作伙伴风险	1.103 6	16	0	2.346 9	−15.839***	223.589***	287.821***
R09_人力资源风险	0.964 5	6	0	0.894 2	−12.547***	211.003***	275.917***
R10_竞争风险	0.946 7	6	0	1.168 3	−22.417***	249.672***	350.452***
R11_融资风险	0.944 5	22	0	2.123 6	−14.208***	226.145***	297.723***
R12_诉讼风险	0.948 2	11	0	1.460 1	−16.385***	193.169***	255.956***
R13_供应链风险	0.692 3	12	0	1.121 8	−9.209***	105.443***	134.635***

续表

变量	均值	最大值	最小值	标准差	单位根检验		
					LLC	ADF	PP
R14_需求波动风险	0.644 2	6	0	0.961 8	−34.083***	164.299***	212.895***
R15_投资风险	0.682 7	25	0	2.262 7	−9.250***	110.751***	119.497***
R16_利益冲突风险	0.489 6	13	0	0.949 4	−14.646***	78.431***	102.634***
R17_保险风险	0.525 1	3	0	0.675 9	−8.092***	75.532***	95.782***
R18_知识产权风险	0.500 0	6	0	0.730 0	−6.366***	88.463***	124.619***
R19_信用风险	0.401 6	5	0	0.833 7	−9.893***	121.431***	146.395***
R20_内部控制风险	0.395 0	5	0	0.696 3	−15.205***	182.672***	222.437***
R21_资产减值风险	0.457 8	5	0	0.804 1	−10.093***	110.050***	121.402***
R22_灾害风险	0.447 5	6	0	0.793 3	−8.407***	82.036***	123.924***
R23_税务风险	0.384 6	10	0	1.024 5	−8.939***	95.887***	153.289***
R24_季节风险	0.347 6	5	0	0.730 3	−10.565***	113.458***	151.446***
R25_声誉风险	0.324 0	5	0	0.733 1	−19.166***	168.009***	158.645***
R26_租约风险	0.296 6	5	0	0.675 3	−6.393***	47.228***	72.092***
R27_国际化风险	0.262 6	6	0	0.774 2	−8.733***	82.655***	79.289***
R28_食品安全风险	0.159 0	2	0	0.422 2	−6.807***	42.051***	56.876***
R29_疫情风险	0.155 3	6	0	0.591 9	−6.371***	42.727***	28.627***
R30_运营中断风险	0.113 9	6	0	0.474 7	−5.765***	53.110***	67.064***

注：在进行单位根检验时，考虑到风险感知披露次数的一阶差分为实际自变量，因此，对 30 个主要的风险感知变量的一阶差分进行单位根检验。除此之外，其他变量的单位根检验均对其原始序列展开
***表示变量在 1%水平下显著

面板数据回归前还需要对模型进行个体效应检验、时间效应检验以及Hausman（豪斯曼）检验，以确定模型最优的回归形式。如表 5-4 所示，所有检验结果的卡方统计量均拒绝原假设，说明模型应采用固定效应进行回归。

表 5-4　模型回归效应检验

检验		模型（5-2）		模型（5-3）	
		Chi-square（卡方检验）	Prob.（p 值）	Chi-square（卡方检验）	Prob.（p 值）
似然比检验	个体效应检验	266.8436	0.0000	324.1304	0.0000
	时间效应检验	66.3267	0.0000	127.7796	0.0000
Hausman 检验		147.3053	0.0000	115.6880	0.0000

表 5-5 展示了模型（5-2）和模型（5-3）的固定效应回归结果。针对实验结果，可以开展如下几个方面的分析。

表 5-5　实验结果

变量	模型（5-2）		模型（5-3）	
	系数	t 统计量	系数	t 统计量
常数项	16.4217	3.3565***	−0.1753	−0.5277
Log_SVR1			0.3503	10.6835***
Volume1	0.7616	27.0003***		
EPS	0.2095	3.3614***	−0.0018	−0.4179
Price	−0.0011	−0.2024	0.0007	1.8678*
Log_Size	−2.3423	−3.9181***	−0.2807	−6.4265***
Fog	−0.0107	−0.0717	−0.0166	−1.6473*
Word_Number	−0.0004	−0.7069	0.0001	1.1213
Sent_Number	0.0099	0.5956	−0.0010	−0.8853
ΔR01_管理法规风险	−0.1365	−0.9116	−0.0055	−0.5390
ΔR02_业务扩张风险	0.2360	2.1112**	0.0199	2.6226***
ΔR03_股票波动风险	0.0603	0.4314	0.0125	1.3164
ΔR04_市场风险	0.3729	1.8647*	0.0058	0.4262
ΔR05_成本风险	−0.2991	−1.4082	−0.0189	−1.3125
ΔR06_债务风险	0.2809	1.2161	0.0046	0.2923
ΔR07_信息技术风险	0.0848	0.3592	0.0069	0.4289
ΔR08_合作伙伴风险	−0.0301	−0.1478	0.0261	1.8924*
ΔR09_人力资源风险	−0.2769	−0.8427	−0.0328	−1.4692
ΔR10_竞争风险	−0.1484	−0.5688	0.0330	1.8633*
ΔR11_融资风险	0.8312	3.5595***	−0.0144	−0.9096
ΔR12_诉讼风险	−0.1242	−0.4935	0.0064	0.3759
ΔR13_供应链风险	−0.3167	−0.9066	0.0151	0.6368
ΔR14_需求波动风险	0.8116	2.4307**	0.0464	2.0489**
ΔR15_投资风险	0.1503	0.7320	0.0268	1.9180*
ΔR16_利益冲突风险	0.0134	0.0447	−0.0314	−1.5407
ΔR17_保险风险	1.2056	2.5357**	0.0115	0.3557
ΔR18_知识产权风险	−0.6539	−1.6347	−0.0179	−0.6575

续表

变量	模型（5-2）		模型（5-3）	
	系数	t 统计量	系数	t 统计量
ΔR19_信用风险	**0.7292**	**2.0529****	0.0381	1.5823
ΔR20_内部控制风险	0.1342	0.3294	0.0391	1.4092
ΔR21_资产减值风险	−0.1258	−0.3274	0.0207	0.7953
ΔR22_灾害风险	0.5112	1.2421	0.0279	0.9997
ΔR23_税务风险	−0.0405	−0.1049	−0.0148	−0.5669
ΔR24_季节风险	0.0724	0.1709	−0.0183	−0.6346
ΔR25_声誉风险	−0.5589	−1.3518	−0.0181	−0.6465
ΔR26_租约风险	**0.8281**	**1.7638***	0.0031	0.0974
ΔR27_国际化风险	**−0.9752**	**−2.0614****	0.0087	0.2727
ΔR28_食品安全风险	**1.1366**	**1.7155***	0.0719	1.5999
ΔR29_疫情风险	0.0796	0.1396	0.0465	1.2009
ΔR30_运营中断风险	0.4867	0.8746	−0.0300	−0.7908
R-squared（可决系数）	R-squared = 0.8079***		R-squared = 0.7670***	
F-statistic（F 统计量）	F-statistic = 23.1712***		F-statistic = 18.1311***	

注：加粗表示该变量对投资者信心有显著影响
***表示变量在 1%水平下显著，**表示 5%水平下显著，*表示 10%水平下显著

　　实验结果表明，并不是所有的企业风险感知在披露后都会给投资者信心带来直接影响，这与假设 A 保持一致。如表 5-5 所示，约 60%的企业风险感知因素在披露后并没有对年报发布后的股票对数收益波动率或交易量产生显著影响。引发这一现象的主要原因可能是企业在年报风险披露过程中，对于风险的表述过于"样板化"。虽然美国证券交易委员会已经对企业风险披露内容的有效性进行了严格要求，但"避重就轻"式的风险披露仍然广泛存在。例如，人力资源风险是旅游企业感知比例较高的风险类别之一，但回溯年报中的披露文本可以发现，大多数企业对该风险的描述都十分简短且模糊，如"我们的成功将继续取决于我们吸引和留住足够数量合格员工的能力"，并不能为利益相关者提供充足且有价值的信息，因此不会给投资者的信心强度以及投资决策带来显著的影响。同样的情况在信息技术风险等的披露过程中也经常出现，如"技术的快速变革"。这一结论在 Bao 和 Datta（2014）的研究工作中也得到了证实，他们的实验结果显示有高达 73.33%的风险因素在 10%显著性水平下对投资者的影响并不显著。但当研究目标聚焦于旅游企业时，一些新的变化也随之发生，例如，在他们的实验结果中并不显著的投资风险在本章节的研究中对投资者信心产生了

显著影响,这可能与投资风险在酒店、度假村和游轮子行业以及休闲设施子行业中的高感知概率相关(Li et al.,2020a),也进一步证明了针对单个行业开展风险影响作用研究的必要性和合理性。

令人意外的是,股票波动风险和利益相关者间的利益冲突风险的披露次数增加并没有对投资者的信心强度产生显著的负面影响。这可能是因为投资者并不相信管理者对企业未来股票市场运营状况的判断,相比之下,他们可能会更加依赖于其他间接但可靠的披露信息来评估企业的发展潜力(Bao and Datta,2014),如企业能否占据稳定的市场份额,能否获得足够的资金支持等。此外,从实验结果来看,投资者似乎对由不可抗拒的外界因素带来的、发生频率较低的风险因素并不敏感,如灾害风险和疫情风险(Rittichainuwat et al.,2018)。同样的解释对管理法规风险来说也具有一定的适用性,由于管理法规的变化通常无法预测且与企业自身的经营状况好坏毫不相关,因此,虽然它是旅游企业感知频率最高的风险类型,但对于投资者的信心强度和投资决策来说并未产生显著的影响。

尽管企业的风险披露在一定程度上存在“样板化”问题,但风险披露的有效性已经得到了广泛的验证。例如,Campbell 等(2014)的研究通过验证风险披露文本的长度与披露信息发布后企业风险评估的正向关联性,表明了投资者会将企业风险披露所传达出的信息纳入对企业风险和股票市场表现的评估过程中。Kravet 和 Muslu(2013)的工作更直观地证明了风险披露的年度增加值与信息发布后能够表征投资者风险感知的股票收益波动率指标显著正相关。本章基于对旅游企业风险感知因素的系统性识别,从更加微观和具体的视角出发,对不同风险的影响作用进行了验证和区分。实验结果显示在 30 种风险类型中,有 12 种风险对投资者的信心强度产生了显著的影响。

除风险感知因素外,披露文本的可读性也会对信息披露后的股票交易量产生显著影响,晦涩难懂的披露方式可能会降低投资者的风险感知,这也进一步说明了风险披露质量的重要性。除文本披露方式外,企业市值对降低投资者信心也起到了重要的调节作用,规模越大的企业受到风险感知披露的影响作用越小,这可能是因为和小企业相比,投资者对大企业通常拥有更多的信心。此外,风险感知披露前的股票对数收益波动率和股票交易量对信息披露后的投资者信心具有显著的正向影响作用,也就是说如果投资者对一家企业的信心降低,那么在接收到企业面临的风险信息后,这种对企业经营状况的担忧会被放大。

5.4.2　企业风险感知如何影响投资者信心

如表 5-5 所示,业务扩张风险、市场风险、合作伙伴风险、竞争风险、融资风险、需求波动风险、投资风险、保险风险、信用风险、租约风险以及食品安全风险感知次数的增加会使风险信息披露后企业的股票对数收益波动率或股票交易量增加，暗示着投资者对企业风险状况的担忧进一步加重。其中，市场风险、融资风险、保险风险、信用风险、租约风险以及食品安全风险会使投资者感到风险增加而频繁进行交易，合作伙伴风险、竞争风险和投资风险会最终导致企业股票对数收益波动率增加，而业务扩张风险和需求波动风险对股票交易量和股票对数收益波动率都产生了显著影响。

从风险类型来看，上述对投资者信心强度具有负面影响作用的风险因素主要可以归结为两类：一类是与企业流动性和可持续发展高度相关的风险因素，包括关乎企业能否持续扩张的业务扩张风险、能否获得充足的资金支持的融资风险、能否降低投资损失获得持续投资收益的投资风险、保险产品能否覆盖企业损失的保险风险、能否从长期租约中脱身的租约风险以及能否顺利回收贷款的信用风险，此外，食品安全事件的发生会影响企业声誉进而阻碍企业的可持续发展。另一类是包括市场风险、合作伙伴风险、竞争风险以及需求波动风险在内的与市场份额、市场合作及需求相关的风险因素。因此，对于旅游企业来说，在日常生产活动中要尤其关注对流动性和市场环境具有负向影响的风险因素。

除了对投资者信心产生显著挫败作用的风险因素外，本章研究还发现国际化风险可能会在一定程度上降低投资者的负面感知。回溯国际化风险披露文本可以发现，大多数内容都是关于企业在国际化进程中面临的风险和不确定性，如"我们的国际业务面临着一般不适用于国内业务的风险""我们的加盟商向国际市场的扩张也给我们的品牌和声誉带来了额外的风险"。这些披露文本在传达企业风险感知的同时更多地暗示了企业国际市场扩张的业务拓展的战略，这可能会增加投资者对企业未来发展的信心。国际化风险因素披露的积极作用传达了投资者对企业国际市场拓展的兴趣，企业管理者可以此为信号积极发展开拓国际市场，发展国际旅游业务。

对于上述对投资者信心具有显著影响的风险感知因素，我们进一步分析了其影响强度，在表 4-2 的基础上，计算了各类风险感知的覆盖率（coverage ratio，CR），即该风险感知在 1352 个样本中的覆盖率。若所有样本中都披露了某类风险，则该类风险的覆盖率为 100%。由于集体诉讼制度的存在，美国上市公司通常倾向于披露一般化的风险，尤其是那些已经被同行业其他企业披露过的风险（Hoberg and Lewis，2017）。因此，具有较高覆盖率的风险感知可能并不会引起投资者的信心波动，而覆盖率较低的风险感知更可能与公司自身的经营缺陷相关，当投资者接收到覆盖率较低的风险感知信息时，他们可能更倾向于认为企业正面临着经营困难，从而在金融市场中给出明确的回应。

如表 5-6 所示，本章研究发现具有较高披露占比和覆盖率的风险感知因素对投资者信心的影响作用反而更小。例如，披露占比为 11.15%，覆盖率高达 79.14% 的业务扩张风险对股票交易量和股票对数收益波动率的影响系数分别为 0.2360 和 0.0199，而披露占比仅为 2.47%，覆盖率为 42.09% 的需求波动风险对股票交易量和股票对数收益波动率的影响系数明显更高，分别为 0.8116 和 0.0464。为了进一步验证这一规律，计算了 12 个对投资者信心具有显著影响的风险感知因素的影响系数与披露占比以及覆盖率之间的斯皮尔曼相关系数。计算结果显示，模型（5-2）中系数序列与披露占比以及覆盖率之间的秩相关系数分别为 –0.685 和 –0.350，模型（5-3）中系数序列与披露占比以及覆盖率之间的秩相关系数分别为 –0.119 和 –0.217。这进一步证明了伴随着披露占比和覆盖率的增加，风险感知对投资者信心的影响强度会逐渐减弱。这和 5.2 节中假设 B 的预期一致。

表 5-6　旅游企业风险感知及其披露占比和覆盖率

序号	风险感知类别	披露占比	覆盖率	序号	风险感知类别	披露占比	覆盖率
R01	管理法规风险	11.99%	91.72%	R16	利益冲突风险	2.27%	31.58%
R02	业务扩张风险	11.15%	79.14%	R17	保险风险	2.06%	43.12%
R03	股票波动风险	10.18%	78.18%	R18	知识产权风险	1.86%	39.42%
R04	市场风险	6.52%	69.82%	R19	信用风险	1.84%	24.11%
R05	成本风险	4.98%	60.80%	R20	内部控制风险	1.76%	29.66%
R06	债务风险	4.68%	49.41%	R21	资产减值风险	1.70%	31.58%
R07	信息技术风险	4.04%	57.25%	R22	灾害风险	1.57%	32.62%
R08	合作伙伴风险	3.87%	37.20%	R23	税务风险	1.50%	21.15%
R09	人力资源风险	3.76%	70.27%	R24	季节风险	1.29%	24.19%
R10	竞争风险	3.65%	56.43%	R25	声誉风险	1.27%	21.01%
R11	融资风险	3.40%	44.82%	R26	租约风险	1.09%	20.64%
R12	诉讼风险	3.35%	45.93%	R27	国际化风险	0.96%	14.42%
R13	供应链风险	2.51%	40.09%	R28	食品安全风险	0.82%	13.68%
R14	需求波动风险	2.47%	42.09%	R29	疫情风险	0.60%	9.84%
R15	投资风险	2.43%	19.67%	R30	运营中断风险	0.45%	7.54%

图 5-2 结合第 4 章中风险因素的感知强度（详见表 4-2，风险因素的披露占比越高，表示该风险的感知强度越强），将所有风险因素按照感知强度（即披露次数）和有无显著影响进行了划分。其中，业务扩张风险、市场风险、合作伙伴风险、

竞争风险、融资风险、需求波动风险、投资风险属于感知强度较强且对投资者信心强度和企业收益负面影响显著的风险类型，本章将此类风险命名为"强感知强影响"的风险类别。保险风险、信用风险、租约风险以及食品安全风险则属于感知强度较弱但影响恶劣的风险因素，本章将此类风险命名为"弱感知强影响"的风险类别，此类风险因素由于感知强度较弱，很容易被企业忽略，应作为未来风险管控工作的重点对象。管理法规风险、股票波动风险、信息技术风险等属于"强感知弱影响"的风险类别，利益冲突风险、疫情风险等则属于"弱感知弱影响"的风险类别。日常管理过程中管理者可依据上述风险分类合理分配风险管理的人力、物力和财力成本，优先管理强影响型风险。

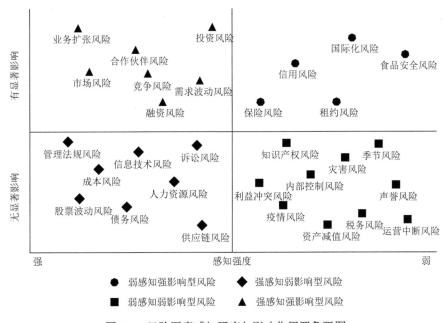

图 5-2　风险因素感知强度与影响作用四象限图

5.5　本章小结

与真实存在的风险威胁和已经发生的危机事件相比，人们对于负面后果的主观感知在非理性的经济社会中显得更为重要，尤其是在对风险极其敏感的旅游行业（Dionne et al.，2007；Ritchie and Jiang，2019），有效测度风险感知的经济影响对提高管理效率和促进行业健康发展具有重要推动作用。然而，由于数据源的缺失，尚未有研究对旅游企业风险感知的影响作用进行研究和讨论。本章的主要目标是通过检验旅游企业风险感知披露对投资者信心强度的影响作用，识别出对旅游企业收益和未来发展具有关键影响作用的风险感知因素。通过将旅游企业 30 种风险因素的披露次数与年报发布后企业的股票对数收益波动率及股票交易量进行回归，本章得到了以下几个主要的研究结论。

（1）并非所有旅游企业的风险感知都会对投资者的信心产生实质性影响。投资者对灾害风险、疫情风险、管理法规风险或其他完全不受企业控制的风险并不敏感。相反，与企业流动性和可持续发展高度相关的风险因素，如业务扩张风险、融资风险、投资风险、保险风险、信用风险、租约风险、食品安全风险，以及与市场占有相关的市场风险、合作伙伴风险、竞争风险以及需求波动风险是会对投资者信心带来显著负面影响的关键风险因素。

（2）结合风险因素的披露频次，旅游企业的主要风险因素按照感知强度和经济影响主要可以分为以下四个类别：①强感知强影响型风险，代表性风险因素为业务扩张风险、市场风险、合作伙伴风险等；②弱感知强影响型风险，主要包括保险风险、信用风险、食品安全风险等；③以管理法规风险、股票波动风险等为代表的强感知弱影响型风险；④包括利益冲突风险和疫情风险在内的弱感知弱影响型风险。

本章的研究结论具有重要的管理价值。实证结果表明，企业的风险感知对投资者信心的影响作用并不相同，企业管理者需加大对弱感知强影响型风险因素的关注，并重点防范对企业收益具有显著负面影响的关键风险因素，在资源有限的前提下，优先加大对此类风险的投入水平和管控力度。此外，本章研究发现国际化风险对降低投资者对企业的风险感知具有一定的积极引导，因此，管理者可以积极挖掘企业的国际业务发展潜力，开展国际旅游业务，拓宽国际市场。此外，回归结果显示企业的绝大多数的风险感知披露并没有导致投资者信心在披露后出现波动，且影响强度会随着披露频率和覆盖率的衰减而增加。一些研究者认为，风险认知不影响投资者信心的一个主要原因可能是公司在年报中对风险的表述过于样板化（Bao and Datta，2014）。这意味着，尽管美国证券交易委员会加强了对披露内容的要求，但一些风险披露仍然是通用的、隐晦的，不能为利益相关者提供足够的、有价值的信息。因此，这些信息披露并不会对投资者的信心和他们的投资决策产生重大影响。对于美国证券交易委员会来说，应持续加大对企业年报风险披露的监管力度，加快解决目前仍然存在的样板化披露困境，为更加精确的研究结论提供高质量的数据源。

第 6 章　基于目的地形象感知的旅游需求预测

　　根据第 4 章和第 5 章的研究结论可知，需求波动风险是旅游企业面临的感知比例高且负面影响作用显著的旅游行业代表性风险。从第 2 章对旅游主体关联性的界定中可知，目的地是企业提供旅游服务的空间载体，也是游客旅游需求的主要客体。因此，需求波动风险对目的地的影响不言而喻，其基础设施建设、旅游资源配置等都受到游客旅游需求的驱动，因此，为了目的地旅游市场的健康发展，对需求进行有效预测并提前做好相应的准备措施十分重要。考虑到旅游需求预测复杂多变的数据特征及传统时序变量低频、滞后和片面的固有弊端，本章从游客旅游需求的生成机制出发，构建了基于多源大数据的旅游需求预测框架，旨在为更加精确的旅游需求预测提供新的解决方案。

6.1　引　　言

　　需求管理始终是目的地旅游管理的关键问题。一方面，游客是旅游活动的核心服务对象，目的地基础设施的配套部署策略很大程度上取决于游客的旅游需求；另一方面，游客作为旅游行业的主要利润制造者，食、住、行、游、娱、购等商业活动的开展和旅游企业收益也直接由游客的旅游需求驱动。因此，游客的旅游需求是旅游行业健康有序发展的重要指向标。

　　然而，游客的旅游需求并不是一成不变的，它极易受到游客内在行为偏好和外在环境条件的影响，从而表现出强烈的波动性，给目的地旅游市场发展带来了巨大的风险。在旅游需求高涨时期，集中的游客到达会使景区面临严重的拥堵甚至发生踩踏等安全事故，当游客数量超过目的地的承载量时，还会给当地的基础设施和自然资源带来沉重的负担。供不应求的服务也会促使很多缺乏足够技能、经验或资格的人员走上服务岗位，大大降低了服务质量，造成游客利益受损，进而对目的地旅游形象造成威胁（Dickson and Huyton，2008）。此外，过于饱和的游客访问还会严重影响当地居民的正常生活，交通堵塞、环境污染等问题会激发当地居民对游客及其旅游活动的怨恨和反感情绪（陈荣等，2014；Pegg et al.，2012），成为当地旅游发展的潜在障碍。淡季低迷的旅游需求则会使得已有旅游资源和服务设施面临闲置，降低产业效率，同时服务需求的暴跌也会带来季节性失业问题，降低当地旅游市场的投资吸引力，大大抑制了目的地的旅游经济活力。综上所述，强烈的需求波动不仅给政府的管理决策以及企业的商业运营带来了不确定性，也给游客的旅游体验和当地居民的生活质量造成了严重的负面影响。

然而不幸的是，由于气候变化等自然条件及社会规范等制度因素的限制，需求波动风险无法从根本上消除。在这种背景下，有效的旅游需求预测有望成为目的地旅游行业健康发展的重要保障手段（Shahrabi et al.，2013）。准确的需求预测可以帮助旅游企业做出合理的资源配置和定价策略，从而实现利益最大化的经营目标。对政府部门和政策制定者来说，准确的需求预测也是它们平衡当地经济发展、基础设施建设以及生态环境承载力的重要依据（李晓炫等，2017；Xie et al.，2020b）。

游客的旅游需求与其他预测目标相比具有以下几个鲜明的属性。首先，旅游需求具有明显的季节性（陈荣等，2014）。在供应端，旅游资源具有时限性（Li et al.，2020a），这主要是由其所在地的地理条件和气候环境所决定的，根据目的地资源景观的可观赏性，一年通常可以被划分为旅游淡季和旅游旺季。例如，对于公园类景点来说，冬季一般是旅游淡季，但对于滑雪场来说，情况则截然相反。在需求端，游客的出游时间也具有季节性特征，拥有一定的闲暇时间是游客产生旅游行为的客观条件之一，因此，和工作日相比，游客在节假日通常会产生更高涨的旅游需求。其次，旅游需求具有高风险易感性。旅游需求作为马斯洛需求层次理论中的高层次需求，极易受到多种外部风险因素的影响，如恶劣的天气条件、政治动荡、自然灾害、恐怖袭击、公共卫生安全事件，以及当地人的不友好等（Song et al.，2013）。研究和实践表明，上述风险事件的发生会对目的地旅游需求产生不同程度的负面影响，例如，Ridderstaat 等（2014）的研究表明气候是影响旅游需求的重要拉动因素。Seabra 等（2020）的研究证明了恐怖袭击对游客到达数量具有强烈的负向冲击。联合国世界旅游组织（United Nations World Tourism Organization，UNWTO）的统计数据也显示新冠疫情导致国际游客到达量下降了 74%（UNWTO，2021）。最后，旅游需求机制十分复杂。伴随着旅游行业的高速发展和人们收入水平的提高，原来由旅游产品质量和价格决定的、由供应端驱动的缺乏弹性的旅游需求逐渐被以消费者自主选择为主导的更具弹性的旅游需求所替代（Song et al.，2003）。这使得旅游需求与油价及股票价格等预测目标不同，它不被供需和市场博弈主导，游客自身的旅游偏好以及如何认识、感知旅游产品形象成为其旅游决策的重要影响因素（Um and Crompton，1990）。

上述属性使得旅游需求时间序列表现出非线性、强波动的数据特征，传统的由政府部门发布的统计数据由于滞后性强、数据频率低等特性，难以及时捕捉这种复杂的高波动性（Li et al.，2020b），从而无法在突发性事件发生并改变时间序列模式时保持稳健的预测性能（Dergiades et al.，2018）。因此，寻求能够有效刻画游客旅游需求的补充数据源成为提高旅游需求预测精度的关键。随着信息技术的发展，网络大数据凭借其及时、高频的信息获取能力成为当下旅游需求预测的重要驱动因素（Song et al.，2019）。尽管大数据的应用为有效刻画旅游需求提供了新的解决方案，但相关研究从数据选择层面来看仍然存在以下两个可以进一步优化的问题。首先，目前的研究工作大多依赖于搜索指数、网站流量等数值型大数据，忽略了情绪因素的重要作用（刘逸等，2021）。尽管搜索量能有效表征游客对于目的地的关注程度，但搜索量的激增并不一定意味着游客访问兴趣的增加。例如，2017 年 8 月 8 日九寨沟景区地震发生后，"九寨沟"一词的百度指数呈现出了数十倍的上升趋势，但出于安全考虑，震后的旅游订单大量取消，当地旅游业进入冰封期。因此，情绪指标在刻画游客旅游需求中的作用不容忽视。其次，目前广泛应用于旅游需求预测的数据相对单一，仅依靠单一数据源难以全面刻画游客旅游需求机制的复杂性，过于狭窄和单薄的数据源成为预测精度的重要限制因素（Li et al.，2020b）。

　　针对上述两个问题，来自不同渠道的多源大数据凭借其组合优势为提高预测精度提供了新的思路。基于此，本章的主要目标是从游客目的地旅游需求的生成机制出发，构建一个包含数值型和情绪型指标的、能够有效刻画游客旅游需求复杂性的多源大数据旅游需求预测框架，对不同类别的网络大数据在目的地旅游需求预测中能否提供有效的附加信息进行实证检验。研究成果能够为目的地实现更加科学有效的需求波动风险管控提供有效的理论和数据支撑。

　　本章剩余部分的结构安排如下：6.2 节介绍了研究的理论基础，并对预测框架设计进行了描述；6.3 节描述了预测模型及准确性评估准则，并对样本选择、数据获取途径及处理方法进行了描述；6.4 节分析了实证结果；6.5 节展现了主要结论和政策启示。

6.2　理论基础与研究设计

6.2.1　大数据旅游需求预测研究综述

　　表 6-1 回顾了国内外核心旅游刊物上发表的相关研究文献，不难看出，目前广泛应用于旅游需求预测领域的网络大数据，按照研究热度从高到低的顺序主要可以划分为搜索引擎数据、社交媒体数据和网站流量数据三大类（Li et al.，2021）。其中，绝大部分文章仅将其中某一类数据作为支撑，借助多样化的研究方法，向更高的预测精度发起挑战。但是由于单一的数据无法为刻画旅游需求背后复杂的行为动机提供充足的信息，多源数据越来越受到研究人员和行业的关注（Pan and Yang，2017）。一些学者认为从多个来源生成的网络数据可以反映游客行为的不同方面，这些数据可能包含提高预测准确性的不同信息。

表 6-1　大数据旅游需求预测研究综述

文献	期刊	数据	控制变量
黄先开等（2013）	《旅游学刊》	百度指数	无
李晓炫等（2017）	《系统工程理论与实践》	百度指数	无
任武军和李新（2018）	《系统工程理论与实践》	百度指数、在线评论数据	无
张玲玲等（2018）	《管理评论》	百度指数	无
Yang 等（2014）	*Journal of Travel Research*（《旅游研究杂志》）	网站流量数据	无
Bangwayo-Skeete 和 Skeete（2015）	*Tourism Management*（《旅游管理》）	谷歌趋势	无
Yang 等（2015b）	*Tourism Management*（《旅游管理》）	谷歌趋势、百度指数	无
Rivera（2016）	*Tourism Management*（《旅游管理》）	谷歌趋势	无
Huang 等（2017）	*Tourism Management*（《旅游管理》）	百度指数	无
Li 等（2017）	*Tourism Management*（《旅游管理》）	百度指数	无
Pan 和 Yang（2017）	*Journal of Travel Research*（《旅游研究杂志》）	谷歌趋势、网站流量数据、天气数据	无
Dergiades 等（2018）	*Tourism Management*（《旅游管理》）	谷歌趋势	无
Li 等（2018）	*Tourism Management*（《旅游管理》）	百度指数	无
Bokelmann 和 Lessmann（2019）	*Tourism Management*（《旅游管理》）	谷歌趋势	无
Law 等（2019）	*Annals of Tourism Research*（《旅游研究年刊》）	谷歌趋势	无
Liu 等（2019）	*Tourism Management*（《旅游管理》）	百度指数	无
Sun 等（2019）	*Tourism Management*（《旅游管理》）	谷歌趋势、百度指数	无
Li 等（2020b）	*Annals of Tourism Research*（《旅游研究年刊》）	百度指数、在线评论数据	无
Xie 等（2021）	*Tourism Management*（《旅游管理》）	百度指数	采购经理人指数、消费者信心指数、实际有效汇率指数

　　为了验证上述观点，一部分研究基于不同平台关注的用户群体各不相同的研究假设，将来自不同网络平台的同类数据进行组合，此类研究可以进一步归类为对多源同质数据的研究。例如，Sun 等（2019）以及 Yang 等（2015b）的研究考虑了不同国家游客搜索引擎的使用习惯差异，分别以北京和海南作为目的地，证实了将百度指数、谷歌趋势和游客访问量时序数据相结合后，模型在预测精度和稳健性方面都有显著提升。Afzaal 等（2019）的研究考虑了不同网站的用户群体差异，基于三

个不同在线旅游网站的评论数据和文本挖掘技术，有效提高了预测准确率。

另一部分研究将不同类型的网络大数据纳入预测框架，开启了多源异质数据研究。综观已有相关研究，它们在数据选择上形成了"搜索指数＋其他数据"的数据组合模式。例如，Önder（2017）将谷歌关键词搜索指数和谷歌图像搜索指数同时纳入预测体系，并通过实证研究证明了这一预测组合对提高预测准确率的有效性；Pan 和 Yang（2017）将搜寻指数、网站流量数据以及天气数据组合在一起，提高了旅游目的地周边酒店入住率的预测精度；Li 等（2020b）基于数值型和情感型数据优势互补的预测思路将搜索指数与在线评论文本数据进行组合，实验结果证明了与单一数据来源相比，基于多平台的组合预测性能得到了显著提升。

上述研究成果证明了不同网络数据间的信息补充可以为提高预测精度提供有效的解决途径（Li et al.，2021）。但是可以看出，不同文章数据组合的出发点和原则并不一致，难以刻画游客旅游需求的复杂性，也无法进一步回答到底哪些数据对旅游需求预测起到了关键作用。

为了解决上述问题，本章从旅游需求的生成机制的复杂性出发，借助多元化的网络大数据对游客旅游前的目的地信息获取和形象感知途径进行刻画，并对不同数据源在目的地旅游需求预测过程中的有效性进行验证，为实现更加准确的旅游需求预测提供新的解决方案。

6.2.2　目的地形象感知与旅游决策

形象是当今社会的核心概念之一，消费者行为理论认为，商品本身并不会直接赋予消费者以利用价值，消费者会将对商品呈现出的一系列属性的感知作为评估指标来评估商品的效用，并做出消费选择（Lancaster，1966）。认知心理学的理论研究也表明，人对客观事物的认知起源于初始印象，在目的地旅游决策的过程中，认知形象相较于时间成本、空间距离等客观条件来说更容易对游客的旅游决策产生影响（李蕾蕾，1999），目的地形象感知已经成为游客旅游需求的核心激发因素（曲颖和董引引，2021）。

消费者在旅行前对目的地的形象感知通常会受到内部和外部两类输入因素的影响（Um and Crompton，1990）。其中，内部输入主要指各类社会心理学合集，包括个人特征、行为偏好和旅行动机等（个人偏好），这些因素与目的地选择的密切关系也得到了研究的证实（Jang and Cai，2002；Woodside and Lysonski，1989）。外部因素可以总结为各类社会交互和市场营销信息的总和，主要包括以新闻媒体为中介传播的文字和图片等信息（媒体传播），以及通过口口相传的形式传递的来自他人的旅行经验信息（社会沟通）（赖胜强等，2011；姚延波和贾广美，2021）。Gitelson

和 Crompton（1983）的研究报告显示，74%的受访者表示他们从朋友和亲戚那里获取了旅行信息，而20%的受访者表示报纸、杂志等媒体是旅游信息的重要载体，进一步佐证了外部因素对目的地选择等旅行决策的影响。随着现代化传播途径的日益丰富，大众媒体正在越来越广泛地替代人们对于事务的直接感知，媒体对于塑造目的地形象的作用越来越大（李蕾蕾，1999；吴荻等，2021），人们在制定旅行决策时，对社会化媒体用户分享的旅游信息的依赖性也越来越强（王晓蓉等，2017）。

　　本章的主要目标是从内在的个人偏好、外在的媒体传播和社会沟通三个关键途径出发，借助网络大数据，刻画消费者旅游前目的地形象感知的形成过程，并以此为基础对未来的旅游需求进行预测。大量的研究实践表明，搜索引擎中特定的关键词搜索量可以反映用户的注意力和兴趣（李晓炫，2017；Li et al.，2021），将与特定目的地旅游相关的关键词搜索指数作为个人偏好的表征数据源。在对媒体传播因素进行刻画时，本章选择了与目的地相关的新闻报道的数量和文本情感指数作为替代变量来表征媒体对目的地的关注度和态度。最后，本章将游客旅游后发布的在线评论的评分和文本情感指数作为社交沟通因素的替代变量，来描述其他人对目的地的满意度和态度。图6-1描述了研究设计的整体思路。

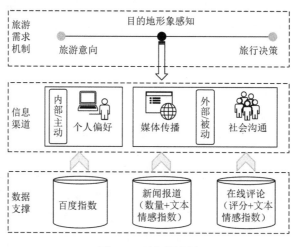

图 6-1　研究设计图

6.3　模型方法与数据

6.3.1　预测模型

　　如2.2.3节关于目的地主体旅游风险研究综述部分所描述的那样，目前广泛应用于旅游需求预测的模型主要包括时间序列模型、计量经济学模型和人工智能模型。基于此，本章分别选取三类模型中的经典模型对目的地旅游需求进行预测。其中，时间序列模型选择差分自回归移动平均（autoregressive integrated moving average，ARIMA）模型，以及带有外生变量的差分自回归移动平均（autoregressive integrated moving average with exogenous input variables，ARIMAX）模型；计量经济学模型选择带 L1 正则的 LASSO（least absolute shrinkage and selection operator，最小绝对值收敛和选择算子）回归模型和带 L2 正则的岭回归（ridge regression）模型；人工智能模型选择单体机器学习模型和集成学习模型，其中单体机器学习模型选择支持向量回归（support vector regression，SVR）模型和 K 近邻（K-nearest neighbor，KNN）模型，集成学习模型选择随机森林（random forest，RF）模型和自适应提升（adaptive boosting，Adaboost）模型。下面分别对这些模型进行简要介绍，并对模型中需要优化的超参数进行说明。

1）ARIMA 模型

ARIMA，又称整合滑动平均自回归，是经典的时间序列预测模型之一。ARIMA 由自回归、差分和滑动平均三部分构成，记作 ARIMA(p, d, q)，其中，p 表示自回归项数，d 表示差分阶数，q 表示滑动平均项数。ARIMA 的数学表达可以用式（6-1）来表达，其中 W_t^d 表示预测目标在 t 时刻经过 d 阶差分的值，$\phi_{t-i}(i=1, 2, \cdots, p)$ 和 $\theta_{t-j}(j=1, 2, \cdots, q)$ 分别是对应的系数。

$$W_t^d = \phi_1 W_{t-1}^d + \phi_2 W_{t-2}^d + \cdots + \phi_{t-p} W_{t-p}^d + e_t + \theta_1 e_{t-1} + \theta_2 e_{t-2} + \cdots + \theta_{t-q} e_{t-q}$$

$$（6-1）$$

ARIMA 模型仅使用自身历史数据进行预测，ARIMAX 在此基础上进行改进，将外生变量加入进来。ARIMA/ARIMAX 需要优化的超参数是(p, d, q)，本章将采用经典的网格搜索法（grid search）对实验参数进行优化（Yu et al.，2016）。

2）LASSO 回归模型

LASSO 回归模型使用 L1 范数作为正则项限制一般回归模型的系数。L1 范数的模型形式与一般回归相同，如式（6-2）所示，只是在损失函数中引入了正则项，如式（6-3）所示。其中，w 表示一般回归模型中的系数向量，b 表示截距，x_i 表示输入向量，y_i 表示真实值，α 表示惩罚系数。引入 L1 范数作为正则项后，LASSO 回归模型容易得到稀疏解，等价于对原来的一般回归模型进行了特征选择。LASSO 回归模型需要优化的超参数是惩罚系数 α，本章将使用网格搜索法进行优化。

$$f(x) = w^T x + b \qquad （6-2）$$

$$L(w) = \sum_{i=1}^{n} \left\| w^T x_i + b - y_i \right\|_2^2 + \alpha \left\| w \right\|_1, \quad \alpha > 0 \qquad （6-3）$$

3）岭回归模型

岭回归模型是引入 L2 范数作为正则项的一般回归模型，采用跟 LASSO 回归模式相同的符号表达，岭回归模型的损失函数如式（6-4）所示。引入 L2 范数作为正则项后，岭回归模型保证了一般回归模型一定有解析解，同时有效控制参数不至于过大。岭回归模型需要优化的超参数是惩罚系数 β，本章将使用网格搜索法对其进行优化。

$$L(w) = \sum_{i=1}^{n} \left\| w^{\mathrm{T}} x_i + b - y_i \right\|_2^2 + \beta \left\| w \right\|_2, \quad \beta > 0 \tag{6-4}$$

4）SVR 模型

SVR 模型将经典的机器学习分类算法支持向量机（support vector machine，SVM）扩展到回归问题（Cortes and Vapnik，1995）。SVM 最初的设想是寻找一个超平面将线性可分的数据集分开，对于线性不可分的数据集合，SVM 使用软间隔设置和核函数进行处理。SVR 在 SVM 的基础上，将损失函数由分类错误设定为离差错误，如式（6-5）所示，即当预测值和真实值之间的差异 z 在设定的范围 ε 内时，损失值为 0，否则为 $|z| - \varepsilon$。

$$l(z) = \begin{cases} 0, & |z| < \varepsilon \\ |z| - \varepsilon, & \text{其他} \end{cases} \tag{6-5}$$

SVR 的超平面由式（6-6）决定：

$$f(x) = \sum_{i=1}^{n} w \cdot K(x_i, x_j) + b \tag{6-6}$$

其中，w 表示超平面的系数；b 表示超平面的截距；$K(x_i, x_j)$ 表示核函数。本章选取高斯核函数，如式（6-7）所示。

$$K(x_i, x_j) = \exp\left(-\frac{\left\| x_i - x_j \right\|_2^2}{2\sigma^2} \right) \tag{6-7}$$

相应地，SVR 的优化问题可以写成式（6-8）：

$$\min_{w, b} \frac{1}{2} \left\| w \right\|^2 + C \sum_{i=1}^{n} l(f(x_i) - y_i) \tag{6-8}$$

综上，SVR 模型有三个超参数需要优化，即高斯核函数中的参数 σ^2、惩罚系数 C 和误差阈值 ε，本章将使用网格搜索法对上述参数进行优化。

5）KNN 模型

KNN 模型的基本思想是通过计算预测样本与已有样本在特征值上的距离，寻找 k 个与预测样本最相近的已有样本，并使用这 k 个已有样本的平均值作为预测样本的预测值。KNN 模型需要优化的超参数包括样本间的距离、平均值以及邻居数 k。本章使用欧几里得距离计算样本间的距离，使用算术平均和基于距离的加权平均两种方法计算平均值，使用网格搜索法对平均值和邻居数 k 进行优化。

6）RF 模型

RF 模型是一种使用引导聚集（bootstrap aggregating，Bagging）算法集成多个分类回归树（classification and regression tree，CART）的预测算法，由 Breiman（2001）提出。RF 模型使用提靴法（bootstrap）从全部样本中随机采样 b 个数据，将这些数据分别输入 t 个回归树进行训练，训练分类回归树时，每个节点随机选择 p 个特征进行树的分支运算，最终使用 t 个回归树的平均值作为最终的输出。在使用 RF 模型时，需要优化两个超参数，分别是回归树的个数 t 和每棵回归树的特征维度 p，同样地，本章将采用网格搜索法来确定最优参数。

7）Adaboost 模型

Adaboost 模型与 RF 模型相同，也是集成多个单体回归树的预测算法。与 RF 模型不同的是，Adaboost 模型的集成策略使用的是 Boosting 算法而不是 Bagging 算法。较之 Bagging 算法，Boosting 算法的训练数据不是随机抽样的，而是使用同一批数据集。同时，Boosting 算法通过迭代式学习，每一轮都为预测误差大的数据赋予更大的权重，以此来训练得到最优模型。Adaboost 需要优化的超参数包括回归树的数量 t 以及迭代学习的学习率 δ，网格搜索法将同样被应用于上述参数的优化过程中。上述三类共计七种预测模型应用过程中所有需要设置的超参数及其优化方法和参数备选值如表 6-2 所示。

表 6-2　模型参数设置

算法	超参数	优化方法	备选值
ARIMA/ARIMAX	p	网格搜索法	0，1，2，3
	d	网格搜索法	0，1，2，3
	q	网格搜索法	0，1，2，3
LASSO	α	网格搜索法	0.01，0.1，0.5，1，5，10，50，100
岭回归	β	网格搜索法	0.01，0.1，0.5，1，5，10，50，100
SVR	C	网格搜索法	0.01，0.1，1，2，4，8
	σ^2	网格搜索法	0.125，0.25，0.5，1，2，4
	ε	网格搜索法	0.01，0.1，0.125，0.25

续表

算法	超参数	优化方法	备选值
RF	t	网格搜索法	10，20，50，100，125，150，175，200
	p	网格搜索法	m，$\sqrt{m}$，$\log_2 m$
Adaboost	t	网格搜索法	50，100，150，200，250，300
	δ	网格搜索法	0.1，0.5，1，1.5，2
KNN	k	网格搜索法	1，5，10，15，20
	样本间距离		欧几里得距离
	平均值		算术平均和基于距离的加权平均

6.3.2　评估准则

为了检验所提出的多源大数据旅游需求预测框架的有效性，本章研究选择平均绝对百分比误差（mean absolute percentage error，MAPE）和均方根误差（root mean square error，RMSE）两个常用指标来测度和对比不同模型的预测性能。指标的数学定义如式（6-9）和式（6-10）所示。

$$\text{MAPE} = \frac{1}{n}\sum_{i=1}^{n}\left|\frac{y_i - \hat{y}_i}{y_i}\right| \tag{6-9}$$

$$\text{RMSE} = \sqrt{\frac{1}{n}\sum_{i=1}^{n}(y_i - \hat{y}_i)^2} \tag{6-10}$$

其中，y_i 和 $\hat{y}_i$ 分别表示第 i 个样本的真实访客人数以及预测访客人数。MAPE 和 RMSE 值越小，预测结果越准确。

6.3.3　数据描述

本章选择四姑娘山风景名胜区作为研究样本，对模型框架和实验数据的有效性进行验证。四姑娘山风景名胜区，位于四川省阿坝藏族羌族自治州，景区由四姑娘山、双桥沟、长坪沟、海子沟组成，是国家级风景名胜区和自然保护区、国家地质公园、世界自然遗产、四川大熊猫栖息地世界遗产以及全国十大登山名山之一，有"东方的阿尔卑斯山"之称。

在预测目标选择上，现有的旅游需求预测研究一般选择游客访问量和旅游收入两个常用指标来表征目的地的旅游需求，其中，游客访问量可以为目的地景区的规划、运营和管理提供更加直观的参考依据（Li et al.，2020b）。在预测周期选择上，大部分研究都聚焦于长期的宏观需求预测，然而有不少学者指出，对于旅游景区等小型目的地来说，短期的旅游需求预测更加重要（梁昌勇等，2015；Bi et al.，2020；Pan and Yang，2017）。一方面，短期的旅游需求预测结果可以为旅游目的地管理者制定合理的定价策略提供更精准的参考信息，以增加低需求时期的游客到达量和目的地旅游收入（Divino and McAleer，2010）。另一方面，旅游目的地管理者可以依据短期旅游需求预测做出人员配置安排和制订应急计划，以防止在高需求时期发生恶性的游客滞留（Li et al.，2018）。

因此，本章以短期游客访问量为主要预测对象，从四姑娘山风景名胜区的官方网站（https://www.sgns.cn/info/number）获取了 2015 年 9 月 28 日至 2019 年 12 月 29 日共计 222 个周度景区游客访问量数据作为实验样本，样本数据特征如图 6-2 所示。

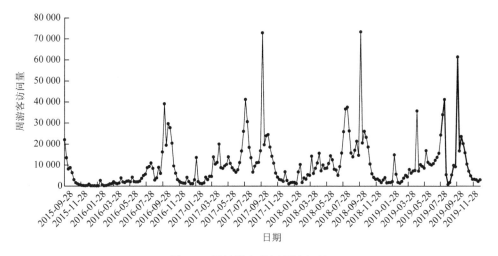

图 6-2　四姑娘山景区周访问量

为了对四姑娘山的周度访问量数据进行预测，从游客的三个主要感知途径出发，分别收集了与四姑娘山旅游相关的百度指数、在线评论数据以及新闻媒体报道数据，具体的数据收集和处理过程主要包括以下几个核心环节。

1）百度指数收集与处理

以四姑娘山作为核心词汇，结合旅游活动衣、食、住、行、游、娱、购等方面构建目标关键词，并通过百度指数官方网站（https://index.baidu.com/）获得目标关键词的周度百度指数。实验过程中，通过检索，最终获得了包括"四姑娘山""四姑娘山门票""四姑娘山旅游""四姑娘山景区""四姑娘山住宿""四姑娘山天气""四姑娘山海拔""四姑娘山在哪里""四姑娘山旅游攻略""四姑娘山攻略"在内的共计十个关键词的周度百度指数，各百度指数变量的数据特征如图 6-3 所示。

2）在线评论数据收集与处理

本章选取携程（https://www.ctrip.com/）和大众点评（https://www.dianping.com/）两个国内主流的在线旅游网站作为目标对象，利用 Python 爬虫工具对游客前往四姑娘山景区旅游后发布的评论数据的分值进行爬取。其中，从携程网站收集到 2009 年 6 月 24 日至 2019 年 12 月 31 日共 1047 条评论数据，从大众点评网站收集到关于四姑娘山景区及其 3 个核心景点（海子沟、双桥沟和长坪沟）2008 年 6 月 21 日至

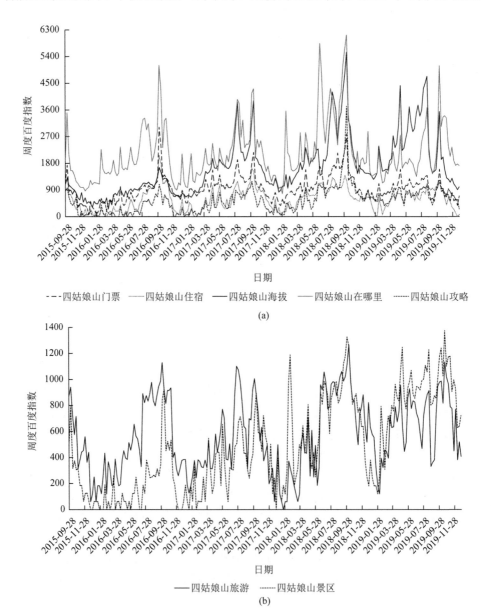

(a)

(b)

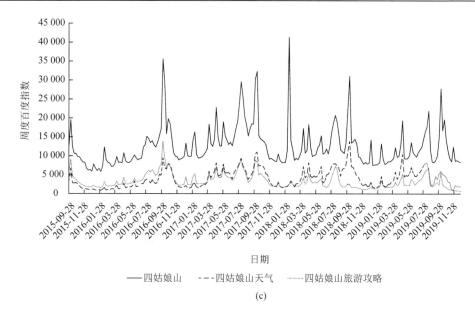

日期

——四姑娘山　　－ －四姑娘山天气　　⋯⋯四姑娘山旅游攻略

(c)

图 6-3　四姑娘山周度百度指数

2019 年 12 月 31 日共 1745 条评论数据。在此基础上，分别计算两个平台每周内各自的评论数量，以及在此之前所有已发表评论的平均评分分值，各评论变量的数据特征如图 6-4 所示。

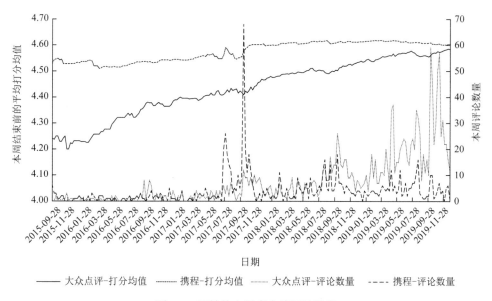

日期

——大众点评-打分均值　　⋯⋯携程-打分均值　　⋯⋯大众点评-评论数量　　－ －携程-评论数量

图 6-4　四姑娘山周度在线评论数据

3）新闻媒体报道数据收集与处理

基于权威性、相关新闻报道数量及可检索到的新闻时间跨度三个主要因素，选择中国新闻网（https://www.chinanews.com.cn/）作为目标新闻门户网站，以四姑娘山作为关键词，检索相关新闻报道，并统计每周与四姑娘山相关的新闻报道的数量。除数量因素外，还进一步考虑了新闻内容的情感语调，以区分正面新闻报道和负面新闻报道的不同引导作用。在对新闻内容的情感进行分析时，本章综合考虑了长短期记忆模型、双向长短期记忆模型、卷积神经网络模型、词袋模型和门控循环单元共计五种情感分析方法，分别对四姑娘山的新闻报道文本进行情感标记，并计算五种算法得到的正向情感概率的均值。具体而言，实验使用包含大量的新闻文本数据的百度自建语料库 Senta 进行模型训练，各新闻变量的数据特征如图 6-5 所示。

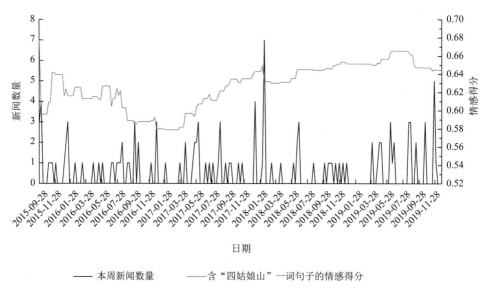

图 6-5　四姑娘山周度新闻数据

4）宏观经济数据收集与处理

虽然宏观经济变量的发布具有低频和滞后的弊端，但旅游不仅是一种文化活动，也是一种经济产品，因此宏观经济环境对游客旅游决策的影响作用不容忽视。如表 6-1 所示，目前大多数主流的网络大数据旅游需求预测文章在进行变量选择时都仅考虑了需求序列的历史时序数据以及所选取的网络大数据指标，在众多研究文献中，仅 Xie 等（2021）在此基础上进一步考虑了消费者信心指数、采购经理人指数以及实际有效汇率指数三个宏观经济变量。其中，消费者信心指数能够反映消费者对当前经济形势及未来经济前景和预期收入的信心强弱，采购经理人指数作为监测经济前景的及时可靠的领先指标，能够反映经济的整体增长或衰退趋势，而实际有效汇率指数由于同时考虑了主要贸易伙伴国家的汇率波动和通胀因素，能够更加真实地反映一国货币的对外价值。上述三个指标分别从消费者、管理者和市场视角刻画了经济环境的景气程度。本章参考 Xie 等（2021）的做法，将消费者信心指数、采购经理人指数、实际有效汇率指数作为控制变量纳入预测框架，以验证宏观经济变量在旅游需求预测中的有效性，宏观经济变量的数据特征如图 6-6 所示。

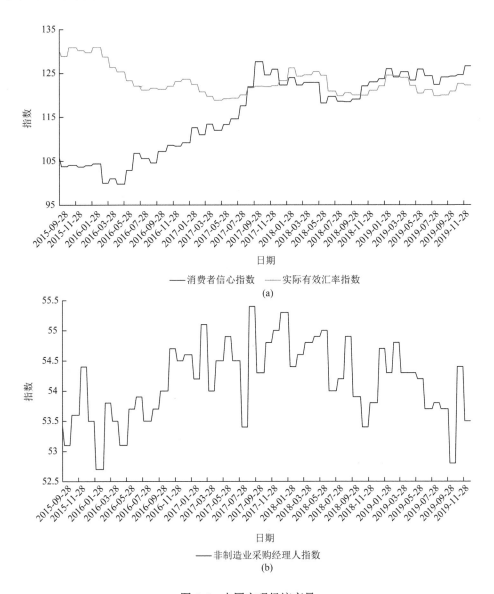

图 6-6　中国宏观经济变量

5）季节数据收集与处理

如本章引言部分所述，显著的季节性是旅游需求的典型特征。从图 6-2 中可以看出，四姑娘山的周度游客访问量数据也呈现出了明显的季节趋势。为了对预测样本的季节性进行刻画，本章构建了淡旺季和节假日的虚拟变量。其中，按照四姑娘山官方网站公布的信息，四姑娘山的旅游旺季为每年的 4 月至 11 月，淡季为每年的 12 月至次年的 3 月，若该周属于旺季月则取值为 1，属于淡季月则取值为 0，对于跨越两个月份的周，以较多天数所在的月份为准。节假日数据来自中国政府网站，若本周内包含法定节假日则取值为 1，否则取值为 0。

表 6-3 对实验中涉及的所有预测变量的实际意义和变量符号及其描述性统计量与单位根检验结果进行了展示。

表 6-3　变量描述

变量	变量描述	符号	平均值	标准差	最大值	最小值	中位数	ADF 检验	
								原始	一阶差分
因变量	四姑娘山景区每周游客访问量	Y	9 725.82	11 136.11	73 322.00	129.00	6 573.00	−5.51***	−9.36***
季节变量	该周是否属于旺季	$S1$	0.67	0.47	1.00	0.00	1.00	−3.12*	−14.74***
	该周是否包含法定节假日	$S2$	0.19	0.40	1.00	0.00	0.00	−3.88**	−7.70***
宏观经济变量	该周所处月份的消费者信心指数	$E1$	115.94	8.74	127.60	99.80	118.60	−0.87	−14.97***
	该周所处月份的非制造业采购经理人指数	$E2$	54.14	0.64	55.40	52.70	54.20	−1.97	−8.54***
	该周所处月份的实际有效汇率指数	$E3$	123.02	3.18	130.94	118.86	122.10	−2.28	−6.07***
评论变量	大众点评四姑娘山景区该周内评论数	$R1\text{-}1$	7.55	9.91	59.00	0.00	4.00	0.42	−6.75***
	大众点评四姑娘山景区该周结束前所有评论打分均值	$R1\text{-}2$	4.43	0.11	4.59	4.20	4.44	−1.57	−12.51***

续表

变量	变量描述	符号	平均值	标准差	最大值	最小值	中位数	ADF 检验	
								原始	一阶差分
评论变量	携程四姑娘山景区该周内评论数	$R2\text{-}1$	3.94	6.04	68.00	0.00	2.00	−2.74	**−6.15*****
	携程四姑娘山景区该周结束前所有评论打分均值	$R2\text{-}2$	4.58	0.04	4.62	4.51	4.60	−0.93	**−8.35*****
新闻变量	中国新闻网本周内发布的与四姑娘山相关的新闻数量	$N1$	0.54	1.01	7.00	0.00	0.00	**−14.6*****	**−8.68*****
	中国新闻网本周内发布的与四姑娘山相关的新闻中含有"四姑娘山"一词句子的平均正向情感概率	$N2$	0.63	0.02	0.67	0.58	0.63	−1.50	**−16.96*****
百度指数	该周内"四姑娘山"一词的百度指数	$B1$	12 505.81	5 404.01	41 338.00	5 829.00	10 781.50	**−7.28*****	**−9.21*****
	该周内"四姑娘山门票"一词的百度指数	$B2$	950.93	441.74	3 015.00	61.00	904.50	**−3.21***	**−12.21*****
	该周内"四姑娘山旅游"一词的百度指数	$B3$	566.27	291.03	1 264.00	0.00	518.50	**−4.01****	**−9.02*****
	该周内"四姑娘山景区"一词的百度指数	$B4$	485.62	370.65	1 376.00	0.00	426.50	−2.41	**−11.6*****
	该周内"四姑娘山住宿"一词的百度指数	$B5$	586.50	388.87	2 064.00	0.00	581.50	**−4.24*****	**−10.44*****

续表

变量	变量描述	符号	平均值	标准差	最大值	最小值	中位数	ADF 检验	
								原始	一阶差分
百度指数	该周内"四姑娘山天气"一词的百度指数	$B6$	4 055.56	2 411.92	13 848.00	923.00	3 328.00	**−4.61*****	**−8.84*****
	该周内"四姑娘山海拔"一词的百度指数	$B7$	1 661.78	1 001.69	5 542.00	255.00	1 457.00	**−3.45****	**−8.97*****
	该周内"四姑娘山在哪里"一词的百度指数	$B8$	2 153.11	983.67	6 128.00	773.00	1 863.50	**−5.49*****	**−9.84*****
	该周内"四姑娘山旅游攻略"一词的百度指数	$B9$	3 389.48	1 953.55	13 758.00	548.00	2 704.50	**−5.07*****	**−8.56*****
	该周内"四姑娘山攻略"一词的百度指数	$B10$	533.22	436.44	3 726.00	0.00	514.00	**−3.94****	**−8.78*****

*、**、***分别表示单位根检验结果在 10%、5%、1%置信水平下显著，粗体表示变量通过平稳性检验

6.4　实 证 分 析

　　如图 6-2 所示，四姑娘山景区的周度访问量时间序列中存在少数急剧增加或减少的数值点，这种现象对于旅游行业来说并不难理解。一般来说，由于季节性因素和节假日的存在，一年中旅游人数最多的一周会出现在国庆假期前后，但对于短期旅游预测来说，少数极大极小值会使预测误差被极端放大。因此，为了减小少数特殊事件对实验结果的整体影响，实验开始前对因变量进行了缩尾处理，剔除了 10%的极大和极小值。为了保证实验结果的稳健性，实验重复进行了 30 次，相应的 MAPE 和 RMSE 分别取 30 次实验结果的平均值。由于游客访问量时间序列波动较大且 RMSE 容易受到极端数值的影响，因此实际实验过程中以 MAPE 值作为主要的实验精度参考指标。

　　为了观察不同提前期对预测结果产生的影响，实验分别对提前 1 期、2 期、3 期和 4 期的实验结果进行了描述，提前 1 期和 2 期的实验结果分别如表 6-4 和表 6-5 所示，其他实验结果参见附录。其中，表格中加底纹部分表示加入变量后预测精度相较仅考虑历史时间序列有明显提升。

6.4.1 变量预测性能比较

从表 6-4 中可以看出，在原始时间序列的基础上加入季节变量（S）、宏观经济变量（E）、百度指数（B）以及大众点评平台的评论变量（$R1$）后，预测精度会有明显提升，且从提升百分比来看，百度指数和季节变量的提升能力相较其他变量来说更加显著。然而，携程平台的评论变量（$R2$）以及新闻变量（N）加入后仅在 Adaboost 模型的应用情境下预测精度得到了明显提升，而在其他模型下对预测精度产生了负向拉低作用。

为了对变量加入后预测精度的提升是否在统计意义上具有显著性进行检验，实验采用了 Student's T 检验（T 检验）对模型之间的差异进行统计检验。T 检验的原假设是，随着预测变量的加入，新预测模型的预测精度与原模型相同，当统计量显著时，拒绝原假设，说明变量加入后模型的预测精度变化在统计意义上显著。如表 6-4、表 6-5 和附录所示，当把所有对实验精度有提升作用的变量同时加入预测框架后，预测精度有了显著提升。其中，当预测提前期为 1 时，ARIMAX 模型的预测误差降低到了 25.69%，与其他同类型的目的地旅游需求预测研究相比，预测精度得到了显著提升（Bi et al.，2020；Li et al.，2020b）。

从不同的预测提前期来看，随着预测步长的增加，宏观经济变量（E）的预测精度提升比例有明显的上升趋势，百度指数（B）和大众点评平台的评论变量（$R1$）的精度提升效果有明显的下降趋势。而当预测提前期为 4 时，原来对预测精度并没有明显提升的携程平台的评论变量（$R2$）开始对提高预测精度起到积极作用，且同时考虑携程和大众点评平台的评论变量相较于仅考虑大众点评平台变量，对预测精度的提升效果更加明显。

上述实验结果说明：①多源数据间的信息互补对于提高目的地旅游需求预测精度具有重要意义。②大数据变量凭借其较高的更新频率在短期预测中的优势更明显，而传统宏观变量在更长期的预测中显示出了更明显的预测优势。③在大数据变量中，由游客内在偏好驱动的自发的信息获取对目的地旅游需求预测具有十分重要的价值，而相比之下，外在的目的地感知途径的影响作用相对较小，在本章的样本情境下，社会沟通渠道次之，而媒体传播渠道的预测价值最弱。这可能跟目的地景点的宣传力度较小和新闻报道较少相关，相对稀疏的数据并不能为游客提供充足的有关目的地形象的信息补充。④不同平台的同类数据的预测效果存在明显差异（Li et al.，2020a），和大众点评平台相比，携程平台的评论数据在提升预测精度上的表现并不明显，这可能与携程平台评论数量较少且仅显示部分评论（携程平台最多只显示 3000 条评论）的情况有关。⑤季节变量和宏观经济变量这类传统时序变量尽管具有低频、滞后的数据特征，但在目的地旅游需求预测中仍然具有不容忽视的预测价值（雷平和施祖麟，2009）。

表 6-4　提前 1 期预测结果

项目		ARIMAX		SVR		RF		LASSO		KNN		岭回归		Adaboost	
		RMSE	MAPE	RMSE	MAPE	RMSE	MAPE	RMSE	MAPE	RMSE	MAPE	RMSE	MAPE	RMSE	MAPE
Y	预测误差	1910.24	27.40%	4461.33	74.64%	3272.45	47.65%	3371.94	54.45%	3426.26	50.12%	3377	55.21%	4336.42	59.01%
Y+S	预测误差	2811.48	28.95%	4488.1	76.10%	3128.18	48.29%	3077.72	45.98%	3162.68	46.67%	3073.77	47.03%	3600.96	50.76%
	精度提升	-47.18%	-5.66%	-0.60%	-1.95%	4.41%	-1.34%	8.73%***	15.56%***	7.69%	6.89%	8.98%	14.82%***	16.96%***	13.98%
	t检验	—	—	-0.18	-0.71	1.44	-0.3	2.97***	3.79***	2.48**	1.37	3.06***	3.54***	5.62**	3.10***
Y+E	预测误差	1742.33	29.14%	4507.73	78.74%	3199.52	51.08%	3371.43	53.77%	3312.07	49.25%	3387.34	55.20%	3847.1	58.03%
	精度提升	8.79%	-6.35%	-1.04%	-5.49%	2.23%	-7.20%	0.02%	1.25%	3.33%	1.74%	-0.31%	0.02%	11.28%***	1.66%
	t检验	—	—	-0.32	-1.95*	0.76	-1.70*	0.005	0.26	1.1	0.35	-0.1	0.01	3.21***	0.27
Y+B	预测误差	1823.37	37.30%	4491.84	77.40%	2919.79	39.52%	2944.84	39.47%	2909.23	38.87%	2975.8	41.65%	2944.95	38.30%
	精度提升	4.55%	-36.13%	-0.68%	-3.70%	10.78%***	17.06%***	12.67%***	27.51%***	15.09%***	22.45%***	11.88%***	24.56%***	32.09%***	35.10%
	t检验	—	—	-0.21	-1.33	3.04***	4.41***	3.92***	7.09***	4.32***	5.19***	3.59***	6.25***	10.30***	8.06***
Y+R1	预测误差	1892.89	35.87%	4507.78	78.04%	3327.85	49.66%	3347.26	53.89%	3375.97	53.43%	3349.02	54.68%	3787.2	53.47%
	精度提升	0.91%	-30.91%	-1.04%	-4.56%	-1.69%	-4.22%	0.73%	1.03%	1.47%	-6.60%	0.83%	0.96%	12.67%***	9.39%
	t检验	—	—	-0.32	-1.63	-0.57	-0.86	0.24	0.21	0.45	-1.29	0.27	0.2	3.97***	1.70*
Y+R2	预测误差	1895.56	30.73%	4508.75	78.17%	3392.44	51.20%	3418.85	55.36%	3503.98	52.77%	3446.95	56.95%	3501.28	51.92%
	精度提升	0.77%	-12.15%	-1.06%	-4.73%	-3.67%	-7.45%	-1.39%	-1.67%	-2.27%	-5.29%	-2.07%	-3.15%	19.26%***	12.02%
	t检验	—	—	-0.33	-1.69*	-1.26	-1.53	-0.45	-0.35	-0.69	-0.95	-0.68	-0.62	6.26***	2.48**
Y+N	预测误差	2006.23	29.06%	4501.86	78.16%	3301.21	47.52%	3392.6	54.75%	3417.69	53.91%	3410.27	56.20%	3878.9	52.29%
	精度提升	-5.03%	-6.06%	-0.91%	-4.72%	-0.88%	0.27%	-0.61%	-0.55%	0.25%	-7.56%	-0.99%	-1.79%	10.55%***	11.39%
	t检验	—	—	-0.28	-1.68*	-0.29	0.06	-0.2	-0.12	0.07	-1.48	-0.32	-0.35	3.15***	2.21**
Y+S+E+B+R1	预测误差	2395.33	25.69%	4518.77	78.89%	2909.36	38.85%	2846.85	35.52%	2882.24	34.04%	2858.04	37.89%	2919.97	38.49%
	精度提升	-25.39%	6.24%	-1.29%	-5.69%	11.10%***	18.47%***	15.57%***	34.77%	15.88%***	32.08%	15.37%***	31.37%***	32.66%***	34.77%
	t检验	—	—	-0.4	-2.02*	3.38***	5.16***	4.97***	9.57***	4.59***	7.85***	4.90***	8.60***	10.33***	8.65***

*表示结果在 10% 置信水平下显著,**表示结果在 5% 置信水平下显著,***表示结果在 1% 置信水平下显著,,所有结果均已加粗显示,加底纹区域表示预测精度有所提升

表 6-5　提前 2 期预测结果

项目		ARIMAX RMSE	ARIMAX MAPE	SVR RMSE	SVR MAPE	RF RMSE	RF MAPE	LASSO RMSE	LASSO MAPE	KNN RMSE	KNN MAPE	岭回归 RMSE	岭回归 MAPE	Adaboost RMSE	Adaboost MAPE
Y	预测误差	2101.16	33.47%	5188.23	85.14%	4276.25	71.43%	4452.78	82.10%	4373.22	71.30%	4438.18	81.98%	5275.28	76.16%
$Y+S$	预测误差	2692.89	29.79%	5217.31	84.40%	4103.69	66.84%	3849.4	60.27%	3983.9	59.52%	3874.12	62.12%	4820.16	67.72%
	精度提升	-28.16%	10.99%	-0.56%	0.87%	4.04%	6.43%	13.55%	26.59%	8.90%	16.52%	12.71%	24.23%	8.63%	11.08%
	t检验	╲	╲	-0.19	0.27	1.67	1.52	5.34***	6.94***	3.60***	4.21***	5.18***	6.16***	3.02***	2.02**
$Y+E$	预测误差	2259.68	40.85%	5239.91	86.59%	3995.12	62.24%	4312.96	78.00%	4122.38	64.22%	4310.36	78.32%	4462.86	64.21%
	精度提升	-7.54%	-22.05%	-1.00%	-1.70%	6.57%	12.87%	3.14%	4.99%	5.74%	9.93%	2.88%	4.46%	15.40%	15.69%
	t检验	╲	╲	-0.33	-0.52	2.85***	3.16***	1.25	1.24	2.56**	2.48**	1.27	1.11	5.76***	3.09***
$Y+B$	预测误差	2256.34	45.58%	5228.85	85.29%	3684.22	56.46%	3766.74	59.57%	3733.08	55.65%	3787.92	60.78%	3884.86	55.17%
	精度提升	-7.39%	-36.18%	-0.78%	-0.18%	13.84%	20.96%	15.41%	27.44%	14.64%	21.95%	14.65%	25.86%	26.36%	27.56%
	t检验	╲	╲	-0.26	-0.05	5.48***	5.63***	5.45***	7.93***	6.25***	6.20***	5.56***	7.37***	9.59***	5.74***
$Y+R1$	预测误差	2188.51	42.57%	5235.66	86.32%	4266.15	71.22%	4415.65	80.93%	4276.32	73.49%	4398.27	80.01%	4149.99	61.51%
	精度提升	-4.16%	-27.19%	-0.91%	-1.39%	0.24%	0.29%	0.83%	1.43%	2.22%	-3.07%	0.90%	2.40%	21.33%	19.24%
	t检验	╲	╲	-0.3	-0.42	0.09	0.06	0.31	0.33	0.97	-0.76	0.36	0.57	7.69***	3.82***
$Y+R2$	预测误差	2209.84	44.40%	5237.6	86.24%	4369.52	74.00%	4372.6	81.03%	4432.27	73.13%	4324.14	80.27%	4544.94	73.33%
	精度提升	-5.17%	-32.66%	-0.95%	-1.29%	-2.18%	-3.60%	1.80%	1.30%	-1.35%	-2.57%	2.57%	2.09%	13.84%	3.72%
	t检验	╲	╲	-0.32	-0.4	-0.86	-0.78	0.66	0.31	-0.55	-0.61	0.97	0.5	4.76***	0.66
$Y+N$	预测误差	2114.61	38.90%	5241.29	86.13%	4345.62	71.37%	4488.61	81.91%	4526.87	76.36%	4493.1	82.49%	4436.29	71.09%
	精度提升	-0.64%	-16.22%	-1.02%	-1.16%	-1.62%	0.08%	-0.80%	0.23%	-3.51%	-7.10%	-1.24%	-0.62%	15.90%	6.66%
	t检验	╲	╲	-0.34	-0.36	-0.61	0.02	-0.3	0.06	-1.41	-1.776*	-0.5	-0.15	6.11***	1.22
$Y+S+E+B+R1$	预测误差	2416.61	39.60%	5249.28	86.33%	3445.45	49.35%	3274.89	45.93%	3409.79	42.44%	3323.48	47.40%	3475.87	47.25%
	精度提升	-15.01%	-18.31%	-1.18%	-1.40%	19.43%	30.91%	26.45%	44.06%	22.03%	40.48%	25.12%	42.18%	34.11%	37.96%
	t检验	╲	╲	-0.39	-0.43	7.03***	8.60***	10.17***	14.11***	9.29***	12.49***	9.94***	13.68***	13.20***	8.83***

*表示结果在 10% 置信水平下显著,**表示结果在 5% 置信水平下显著,***表示结果在 1% 置信水平下显著,所有显著结果的 t 检验结果均已加粗显示,加底纹区域表示预测精度有所提升

6.4.2　模型预测性能比较

对所有类别的预测模型来说，当预测提前期为 1 时，所有模型方法的预测精度都达到最高，而随着预测提前期的拉长，预测精度逐渐降低。因此，在对目的地旅游景点进行短期需求预测时，近期的目的地形象感知和历史趋势能够提供更多的参考信息，而时间间隔较远的评论和媒体报道很难再对预测产生有价值的信息补充。

对比不同模型的预测精度可以发现，当预测提前期较短时（1～3 期），ARIMAX 模型的预测精度明显优于其他模型，这一结论与 Li 等（2020b）的预测结论一致。而当预测提前期为 4 期时，集成机器学习模型 Adaboost 模型的预测效果相对较好，而无论在何种提前期下，SVR 模型的 MAPE 和 RMSE 值都表现最差。

6.5　本 章 小 结

强烈的需求波动性是目的地旅游市场面临的重要风险因素之一，有效的需求预测不仅可以帮助旅游企业做出合理的资源配置和定价策略，以获得更大的利益，对政府部门和政策制定者来说，准确的需求预测也是他们平衡当地经济发展和生态环境承载力的重要依据。本章的主要目标是从游客目的地形象感知的主要途径出发，构建一个基于多源大数据的目的地旅游需求预测框架，对不同类别的网络大数据在目的地旅游需求预测中能否提供有效的附加信息进行实证检验，为实现更高精度的目的地旅游需求预测提供新的解决方案。通过实证分析，本章的主要结论如下。

（1）多源大数据间的信息互补对于提高目的地旅游需求的预测精度具有重要意义，且大数据凭借其较高的更新频率在短期预测中的优势更加明显。

（2）从具体的数据类别来看，和外在的目的地形象感知途径相比，内在的自身偏好能够为游客的目的地需求提供更多的信息补充，对提升预测精度具有重要的作用。在外在感知途径中，评论数据的作用相对显著，且来自不同平台的评论数据的预测价值也存在差异，而新闻报道在发布频率较低的情况下，并不能向游客传达足够的目的地信息。因此，加大宣传力度可以作为景区吸引游客的重要辅助手段。

（3）尽管消费者信心指数等宏观经济变量具有低频、滞后的固有弊端，但在目的地旅游需求预测中仍然具有不容忽视的预测价值。此外，将能够有效刻画旅游需求季节性特征的季节变量纳入预测框架，对预测精度提升也会产生积极作用。

（4）基于多种预测模型的性能比较可以发现，在预测步长较短时，ARIMAX模型的预测性能显示出绝对的优势，而随着预测步长的增加，集成机器学习模型Adaboost 的预测优势得以显现。

第 7 章　生态旅游新趋势与多主体视角下的风险困境

　　旅游活动普适性和需求量越来越高的同时，各参与主体也面临着越来越复杂多样的风险威胁，有效识别旅游活动开展过程中隐藏的风险因素对于旅游行业健康发展具有重要的参考和引导价值。在当前国际和国内经济快速发展的大背景下，随着人们生活质量的不断提高，游客不再满足于走马观花式的人工旅游景点，生态旅游已成为旅游行业发展的新趋势。因此，本章将聚焦生态旅游，对生态旅游的内涵与特征、国内发展现状进行阐述，并以三江源区为例，详细描述我国生态旅游发展现状，在此基础上进一步从多主体视角出发，分析生态旅游实践过程中面临的关键风险问题，旨在为更加健康有效的生态旅游管理模式提供科学的参考依据。

7.1　引　　言

　　随着经济的增长和社会的进步，人类对美好生活的需要和自然环境保护之间的矛盾日益显现。从旅游行业视角来看，这种矛盾尤为突出。一方面，生活水平的提高和社会思想的进步使得公众对于神奇瑰丽的自然风光和丰富多元的地域文化的旅游需求与日俱增；另一方面，工业化和城市化进程的加快和过度的旅游开发给当地的生态环境和旅游资源造成了严重的负面影响，极大地限制了旅游行业的健康发展。在此背景下，如何实现旅游发展、经济增长与生态保护的协调统一，做到既要"绿水青山"又要"金山银山"，已成为旅游行业实现可持续发展的关键问题。

　　自 1983 年，世界自然保护联盟（International Union for Conservation of Nature，IUCN）正式提出生态旅游的概念后，这一新型的旅游产品和可持续发展模式在世界范围内得到了广泛认可和迅速发展。据国际生态旅游协会（The International Ecotourism Society，TIES）统计，21 世纪生态旅游已成为整个旅游市场中增长最快的部分。20 世纪 90 年代初期，生态旅游的概念被正式引入中国，20 多年来，我国生态旅游景点逐渐增多，生态旅游需求不断扩大。The Travel & Tourism Competitiveness Report 2019（《2019 年旅游业竞争力报告》）显示，中国拥有世界上最多的联合国教科文组织世界自然遗产地，得益于特殊的自然资源和丰富的文化遗产，中国在全球最具旅游竞争力的国家和地区中排名第 13 位，同时也是亚太地区最大的旅游经济体。2021 年 5 月，生态环境部等多部门联合编制发布了《2020 中国生态环境状况公报》，数据显示，截至 2020 年底，中国共建有国家级自然保护区 474 处，总面积约 98.34 万平方千米，且超半数自然保护区均开展了生态旅游活动，游客量持续增加（张昊楠等，2016）。近年来，人们对户外的、自然的、生态的旅游项目的需求逐渐攀升，国内生态旅游市场前景一片向好。

然而，由于我国生态旅游起步较晚，前期粗放式的经济增长模式使得生态资源的原真性和完整性遭到了一定程度的破坏，加之我们目前正处于工业化提速和城市化加速的中后期阶段，高污染高耗能产业的快速发展以及城乡居民消费结构的升级，导致人口、资源和环境间的冲突进一步加剧，生态环境保护与旅游开发利用间的矛盾日益尖锐（罗志勇，2018）。因此，在生态旅游需求不断增加的同时，我国生态旅游发展仍然面临着由不同主体间的利益冲突带来的各类风险困境，给游客的生态旅游体验、社区居民的经济利益以及目的地生态环境的原真性和完整性带来了多重威胁，生态旅游良性发展任重而道远。

因此，为了促进我国生态旅游行业的健康发展，本章将聚焦生态旅游这一新趋势，首先通过对生态旅游概念、原则的辨析，阐述生态旅游在破解旅游发展与环境保护方面的适宜性；其次，通过对国内生态旅游发展历程和案例的介绍，描绘我国生态旅游的发展现状；最后，从多主体视角出发，对我国生态旅游面临的关键风险困境进行分析讨论。相关研究成果能够在我国生态旅游快速发展的关键阶段，为更合理的管理体制和产品设计规划提供参考依据。

本章剩余部分的结构安排如下：7.2 节介绍了生态旅游概念的演变过程及生态旅游的基本原则；7.3 节简述了我国生态旅游的发展历程并以三江源为例进行了生态旅游案例介绍；7.4 节从多主体视角出发对我国生态旅游面临的关键风险困境进行了总结；7.5 节对本章研究工作进行了总结。

7.2 生态旅游的内涵与特征

7.2.1 生态旅游的概念演变

生态旅游思想最早可以追溯到 20 世纪 60 年代，为了缓解旅游活动给当地生态环境和文化带来的负面冲击，Hetzer 于 1965 年首次提出了生态旅游的概念，提倡应在对文化与环境产生最小冲击的前提下，最大化游客的满足感和当地的经济效益（Hetzer，1965）。1983 年，世界自然保护联盟的特别顾问 Ceballos-Lascurain（谢贝洛斯·拉斯喀瑞）正式提出了生态旅游的定义，他认为生态旅游应是以研究、欣赏和享受当地风景、野生动植物资源及文化为目的，在相对未受干扰和污染的自然地区开展的旅游活动。此时，尚处于起步阶段的生态旅游常被视作一种新型的旅游产品而受到了各国的热烈追捧（李想等，2021）。

1992 年 6 月，联合国环境与发展大会在巴西里约热内卢举行，会议通过了《21 世纪议程》《里约环境与发展宣言》等重要文件，在世界范围内提出并推广了可持续发展的概念和原则，推动了生态旅游概念的演变。此后，生态旅游开始跳出新型旅游产品的局限性，并作为旅游业实现可持续发展目标的主要形式在世界范围内被广泛地研究和实践，生态旅游由此得以蓬勃发展（钟林生和王朋薇，2019；Wearing and Neil，1999）。

步入 21 世纪，生态旅游的概念逐渐拓宽至社会减贫、人类权利和道德等领域（李想等，2021；Cobbinah，2015；Donohoe and Needham，2006），国际生态旅游协会在 2015 年给出的新的生态旅游的定义指出生态旅游是以保护环境、维持当地居民的福祉，并涉及环境解说和教育的负责任的旅游行为，当地居民的切身利益成为生态旅游的重要内核。

7.2.2　生态旅游的基本原则

虽然国际社会对于生态旅游的概念和内涵的理解逐渐成熟，但不可否认的是，国际生态旅游研究仍处于相对早期的发展阶段，其概念、内涵和基本原则也仍处于不断完善和发展的过程中。

国际生态旅游协会作为一个致力于促进生态旅游的非营利性组织，自 1990 年成立以来，一直走在生态旅游发展的前沿，国际生态旅游协会在其官方网站（https://ecotourism.org/what-is-ecotourism/）上对生态旅游活动开展过程中各主体应遵循的生态旅游原则描述如下：最小化物理、社会、行为和心理上的影响，了解并尊重当地的环境和文化，为游客和接待者提供积极的体验，为环境保护提供直接的经济效益，为当地居民和私营企业创造经济效益，为游客提供解说，提高对当地政治、环境和社会的敏感性，设计、建造和运营低影响的设施，认可社区原住民的权利和精神信仰，与社区居民合作，赋予他们权力。

除上述官方表述外，伴随着生态旅游研究和实践的不断发展，学者们对生态旅游原则的理解和描述也呈现出多元化的特征。如表 7-1 所示，通过文献梳理，本书选取了较有影响力的十篇文章中关于生态旅游基本原则的描述进行对比。

表 7-1　生态旅游的基本原则

参考文献	基本原则
Hetzer（1965）	最小化环境影响、认可和尊重当地文化、最大化当地社区的经济利益、满足游客期望并提高游客满意度

续表

参考文献	基本原则
Wallace 和 Pierce（1996）	最小化对环境和当地居民的负面影响；增加对当地自然和文化的认识和理解，并使游客参与到相关政策的制定过程中；有助于保护和管理受法律保护的地区和其他自然区域；最大限度地提高当地人民的早期和长期参与程度；向当地人民提供经济和其他利益，而不是压榨或取代传统的生活方式；为当地人和自然旅游员工提供利用、参观和了解自然地区的特殊机会
卢云亭（1996）	范域上的自然性、层次上的高品位性、利用上的可持续性、内容上的专业性
Honey（1999）	前往自然目的地、最小化影响、形成环境认知、为保护提供直接的经济利益、为当地居民提供经济利益和权利、尊重当地的文化、支持人权和民主运动
Ross 和 Wall（1999）	保护自然区域、产生经济效益、开展教育、提供高质量旅游服务、鼓励社区参与
Blamey（2001）	以自然为基础、开展环境教育、实现可持续管理
杨开忠等（2001）	旅游者行为约束、旅游地生态保护、旅游业经济发展
Wight（2002）	环境无害式发展；获得一手的、参与性的和启发性的经验；开展全方位教育；认识资源的内在价值；接受资源本身的条件；形成众多参与者之间的理解和合作关系；促进对自然和文化环境的伦理责任和行为；实现对资源、产业和当地社区的长期利益；开展负责任的保护实践
Cobbinah（2015）	环境保护、文化保护、社区参与、经济效益、弱势群体赋权
李想等（2021）	自然导向、环境教育、经济利益、文化保护、社区参与、可持续发展

通过对上述内容的梳理和分析，本书将生态旅游的基本原则总结为：以发生在自然区域、最小化环境影响、尊重和保护文化资源为首要原则，以实现当地经济利益最大化、提供高质量旅游服务、实现社区参与和民众赋权以及提供解说和提高环境教育为基本原则。

7.3　我国生态旅游发展现状与案例分析

7.3.1　我国生态旅游发展历程

和国际社会相比，我国生态旅游起步较晚。1982 年，我国第一个国家森林公园张家界森林公园正式建立，率先将旅游活动与环境保护有机结合起来，拉开了我国生态旅游的序幕（钟林生和王朋薇，2019）；1993 年 9 月，第一届东亚地区国家公园和自然保护区会议在北京召开，会议通过了《东亚保护区行动计划概要》，至此，生态旅游概念在中国才第一次以文件的形式得到正式确认；1994 年，中国旅游协会生态旅游专业委员会作为我国第一个专门性的学术团体成立，进一步推动了生态旅游研究和实践在全国范围内的开展；1995 年，中国首届生态旅游研讨会在云南顺利召开，118 位与会学者围绕生态旅游的内涵、生态旅游与环境保护的辩证关系、如何开展生态旅游环境教育以及生态旅游线路优化等问题展开了讨论，发表了《发展我国生态旅游的倡议》等重要成果，此后，郭来喜、卢云亭、张广瑞、钟林生等学者带头对生态旅游的内涵开展了丰富的讨论（郭来喜，1997；卢云亭和王建军，2004；张广瑞，1999；钟林生和肖笃宁，2000），引领生态旅游研究进入了崭新的阶段。

21 世纪初期，伴随着生态旅游理论研究的不断深入，全国范围内的生态旅游实践也得到了广泛的关注，各类自然保护地犹如雨后春笋般涌现，生态旅游产品呈现出多样化，带动了国内生态旅游市场的快速发展。2008 年 10 月，国家旅游局[①]和环境保护部[②]联合发布《全国生态旅游发展纲要（2008—2015 年）》，明确了我国生态旅游发展的指导思想、首要原则和总体目标，并对未来生态旅游的重点工作进行了详细部署，为生态旅游相关工作的落实提供了有效指导；2009 年，为贯彻党的十七大关于建设生态文明的总体部署，落实全面、协调、可持续的科学发展观，并进一步加大生态旅游产品的推广力度，广泛宣扬环境友好型旅游理念，在国家旅游局的规划下，我国迎来了第一个"中国生态旅游年"，号召人们"走进绿色旅游、感受生态文明"，我国生态旅游发展再次迈进了新的发展高度；2009 年 12 月，国务院印发《关于加快发展旅游业的意见》，明确指出"培育新的旅游消费热点""支持有条件的地区发展生态旅游"；2011 年，《国民经济和社会发展第十二个五年规划纲要》首次提出了"全面推动生态旅游"，《中国旅游业"十二五"发展规划纲要》对"积极支持生态旅游发展"做出了具体要求。

2012 年，党的十八大首次将"生态文明建设"纳入社会主义现代化建设"五位一体"的总体布局；2015 年 9 月，中共中央、国务院印发《生态文明体制改革总体方案》；2016 年 3 月，《中华人民共和国国民经济和社会发展第十三个五年规划纲要》中再次明确提出要"支持发展生态旅游"（钟林生等，2016）。2016 年 8 月，为推动生态旅游持续健康发展，国家发展改革委、国家旅游局组织编制完成了《全国生态旅游发展规划（2016—2025 年）》，成为全国生态旅游发展的重要指导性文件；2018 年 3 月，十三届全国人大一次会议第三次全体会议通过了《中华人民共和国宪法修正案》，并将"生态文明"写入宪法。生态旅游兼具环境友好、资源节约等特征，是践行可持续发展理念的重要举措，发展生态旅游是生态文明建设的重要组成部分（钟林生和王朋薇，2019），在生态文明建设的时代背景下，生态旅游成为 21 世纪中国旅游的重要模式。

2020 年开始，受新冠疫情的影响，国内和国际旅游市场都受到了重创。国家统计局数据显示，2020 年国内旅游人数和旅游收入分别比上年下降 52.1% 和 61.1%。有研究表明，疫情发生后，周边游、乡村田园游、康养旅游等形式的出游需求逐渐凸显（陈琳琳和雷尚君，2021；申军波等，2020；姚瑶，2022），相关数

---

① 2018 年改为文化和旅游部。

② 2018 年改为生态环境部。

据显示，2021 年国内生态旅游人次达到 20.93 亿次，占国内旅游总人次的比重达到 64.5%。2021 年 3 月，《中华人民共和国国民经济和社会发展第十四个五年规划和 2035 年远景目标纲要》提出"大力发展寒地冰雪、生态旅游等特色产业"，这也是生态旅游第三次被写进国民经济和社会发展规划。

经过 20 多年的积累与发展，目前，我国生态旅游已初具规模并呈现出了鲜明的中国特色，当前阶段，生态旅游在面临公共卫生安全挑战的同时也迎来了新的发展机遇，成为旅游经济发展的重要抓手。

7.3.2　三江源生态旅游案例

1）生态旅游的必要性和可行性

《青海省"十四五"文化和旅游发展规划》提出要"发展生态旅游打造国际生态旅游目的地"的发展目标，并围绕这一目标进一步明确了"完善生态旅游发展机制、制定生态旅游规范标准、推出生态旅游体验产品、推进生态旅游实验区和风景道建设、加强生态保护教育以及建立社会参与和利益共享机制"六项重点任务。加快推进文化和旅游融合高质量发展，打造国际生态旅游目的地已成为青海省"十四五"期间文旅事业发展的重要前进方向。

三江源地处青藏高原，以高原山地地貌为主，山脉绵延，地势复杂，雪山冰川广布，属于典型的青藏高原气候，恶劣的气候条件和复杂的地理环境使当地的生态系统十分脆弱，而对于拥有我国面积最大和世界高海拔生物多样性最集中的自然保护区的三江源区来说，良好稳定的生态环境是至关重要的。与传统产业（农林牧业）相比，生态旅游业作为一种对自然和文化旅游资源有着特别保护责任的可持续旅游发展模式，强调对资源环境的保护，注重环境教育，能有效遏制传统农林牧业对资源环境的掠夺式开发，提供可持续增长的机会。

三江源作为长江、黄河和澜沧江的源头汇水区，不仅是世界上水资源最为丰富的地区之一，也是世界上高海拔生物多样性最集中的地区之一，素有"中华水塔"的美誉。三江源区拥有三处国家级自然保护区，两处国际重要湿地，一处国家地质公园，和一个国家森林公园。三江源区还是原生态藏文化的保留地，被誉为"歌舞之乡""格萨尔王的故乡"，是唐蕃古道的途经之地，自古以来便是藏汉文化联结的重要走廊之一。由于人迹罕至，三江源区保留了珍贵独特的旅游资源，高山峡谷、雪山冰川、湿地草甸及碧波湖泊等丰富的地貌类型，以及多彩的民俗文化，是开展生态旅游的理想之地。根据《青海省"十四五"文化和旅游发展规划》，依托三江源区域独具特色的生态文化旅游资源，探索生态产品价值转换机制，打造江河源头生态观光、高原科考探险、生态体验和自然生态教育等生态旅游品牌和世界级生态旅游精品线路已成为完善青海省生态旅游体系的重要环节。

2）三江源生态旅游资源分析

在生态旅游资源单体分布方面，本节通过对三江源区各县生态旅游资源分布的调研，筛选出了三江源区生态旅游资源单体名录，如表 7-2 所示。其中，其他是指三江源各园区交界或未覆盖区域。从表 7-2 中可以看出，玉树市、治多县、囊谦县生态旅游资源数量较多，而就旅游资源类型来看，大多集中在观光游憩河段、宗教与祭祀活动场所、沼泽与湿地、陆地动物栖息地、峡谷段落、林地、人类活动遗址等方面。在重点细分旅游产品分布方面，通过结合三江源区主要生态特色和旅游资源分布，归类出三江源区生态旅游重点细分产品的主要分布情况，如表 7-3 所示。

表 7-2　三江源区生态旅游资源单体名录

功能区	行政区	生态旅游资源单体
长江源	玉树市	江嘉多德圣山、通天河晒经台、公主温泉、巴塘热水沟温泉、东仲林场、巴塘草原、嘎然寺、当旦石经墙及佛塔、然吾沟石窟及经堂、龙庆寺、龙喜寺、卓玛邦杂寺、让娘寺、当卡寺、格萨尔王广场、当托村、隆宝滩黑颈鹤栖息地、结古寺、文成公主庙、新寨嘉那嘛呢石经城、藏娘佛塔、结古镇、勒巴沟、三江源自然保护区纪念碑
	称多县	雅砻江、歇武镇当巴温泉、嘉塘草原、歇武寺、尕藏寺、赛康寺、赛巴寺、尕白塔、拉布民俗村落
	治多县	治多昆仑山口、风火山口、湖北冰峰、曾松曲、楚玛尔河、聂恰河、库赛河、特拉什湖、错仁德加湖、珠姆浴池、江荣滩、巴荣滩、嘉洛草原、治多鹿场、可可西里自然保护区纪念碑、索南达杰自然保护站、《甘珠尔》石刻城、贡萨寺、可可西里
	唐古拉山镇	乌兰乌拉湖、长江源头第一桥、唐古拉山口、各拉丹冬雪山、沱沱河、长江源头
黄河源	曲麻莱县	五道梁、扎曲、卡日曲、不冻泉、江荣沟原始森林、约古宗列保护区、岗日莱峻生态旅游示范区、楚玛尔河野生动物观赏区、玉珠峰、雅拉达泽山、约古宗列曲、星宿海、黄河
	玛沁县	赛日昂约山、哈龙冰川、优曲、洋玉林场、大武滩、野马滩、拉加寺、大武镇、阿尼玛卿峰群、玛沁白塔
	班玛县	玛可河峡谷、莫坝沟、格萨尔温泉群、多柯河林场、玛可河草场、班玛红军沟景区、阿什姜贾贡寺、灯塔寺、班玛藏族碉楼建筑、格萨尔王莲花生殿
	甘德县	尼卿班玛仁托山、黄河官仓峡、夏日乎寺、德尔文文化村、龙恩寺
	达日县	查郎寺、格萨尔王狮龙宫殿
	久治县	黄河久治段、日尕玛错湖、月牙湖、白玉温泉、年保大滩、白玉寺、隆格寺、年保玉则
	玛多县	雅拉达泽峰、野马滩湿地、冬格措纳湖、玛多巴颜喀拉山草原、莫格德哇古墓群遗址、黄河源牛头碑、星星海、扎陵湖-鄂陵湖
	河南蒙古族自治县	宁木特峡谷、黄河第一湾、圣湖
	泽库县	和日石经墙、西卜沙温泉、泽库草原、麦秀林场
	同德县	黄河同德段、江群林区、河北林区、居布林区、石藏寺
	兴海县	赛宗山、兴海黄河谷地、兴海黄河奇石、兴海温泉、中铁林场、赛宗寺

续表

功能区	行政区	生态旅游资源单体
澜沧江源	囊谦县	然察大峡谷、香龙沟峡谷、吉曲十八弯、达那温泉、白扎林场、江西林场、采久寺、尕尔寺、觉拉寺、嘎丁寺、巴麦寺、白扎盐场、多伦多盐场、拉翁村、囊谦王族墓、香达镇、尕尔寺峡谷、达那寺
	杂多县	杂曲、尼日阿错改、果宗木查湿地保护区、当曲、澜沧江源头
其他		尕朵觉悟神山、巴颜喀拉山、通天河、唐蕃古道三江源段、昆仑山

表 7-3　重点细分旅游产品分布

主题	重点细分产品	地点
"三江之源"水源地生态与环境体验	黄河源体验	
	圣湖怀古游	玛多县扎陵湖、鄂陵湖
	母亲河源生态探秘游	曲麻莱县、玛多县、达日县、久治县、河南蒙古族自治县、同德县、兴海县
	清澈黄河亲水谷地休闲度假游	达日县、兴海县
	长江源体验	
	各拉丹冬雪山探秘游	唐古拉山镇
	通天河畔休闲漫游	治多县、曲麻莱县、称多县
	楚玛尔河畔巡游	曲麻莱县
	澜沧江源体验	
	源头寻踪游	杂多县
	国际河流源区探秘游	囊谦县、杂多县
	森林峡谷寺庙休闲游	囊谦县
	湖泊水生态观光	
	年保玉则湖群观赏游	久治县
	可可西里探湖游	可可西里自然保护区
	星星海观光游	玛多县
"康巴、安多"藏文化原生态体验	歌舞之乡采风	
	丰收节休闲游	称多县、玉树市等
	玉树采风游	玉树市、称多县、囊谦县、治多县、曲麻莱县
	马背文化体验	
	玉树赛马节体验游	结古镇
	纵马草原休闲游	河南蒙古族自治县、玉树市、治多县、曲麻莱县
	宗教文化探秘	
	寺庙大观游	兴海县、泽库县、玛沁县、达日县、甘德县、称多县、玉树市、囊谦县
	嘛呢石奇观寻秘游	泽库县、玉树市
	格萨尔王传奇游	玛沁县、甘德县、达日县、班玛县、久治县
青南高原人与自然关系体验	生命高原观光	
	牧人生活体验度假游	各县均可
	森林生态度假游	班玛县、囊谦县
	陆地动物观赏游	玛多县、治多县、曲麻莱县
	鸟类动物观赏游	各县均可

续表

主题		重点细分产品	地点
青南高原人与自然关系体验	珍稀动物生境体验	藏羚羊迁徙观赏游	治多县、曲麻莱县、唐古拉镇、可可西里保护区若干保护站
		野牦牛生存环境体验游	可可西里自然保护区 109 国道沿线、曲不公路沿线
	雪山冰川攀登探险	阿尼玛卿雪山探秘游	玛沁县
		昆仑玉珠峰户外运动游	曲麻莱县
	青南徒步游	湿地草原徒步游	河南蒙古族自治县、玉树市、杂多县、治多县、曲麻莱县
		高原山地徒步游	久治县、玛沁县、称多县、囊谦县、泽库县
		江河之滨徒步游	同德县、河南蒙古族自治县、甘德县、达日县、玛多县、称多县、囊谦县、杂多县
	青南自驾探险	康巴、安多藏区风情游	各县均可
		雪山览胜游	玛沁县、久治县、曲麻莱县、唐古拉镇
		草原穿越游	各县均可

除了生态资源外，三江源区特色的文化活动以及藏族的传统节日也是吸引生态旅游访客游览的重要方面。如表 7-4 所示，在重大节庆活动方面，藏族传统节日几乎覆盖了全年的各个月份，但三江源区的特色文旅活动则具有明显的季节性特征，主要集中在 6~10 月，这与青海省旅游旺季具有一致性。

表 7-4　三江源区重大节庆活动汇总

类别	节日	时间
藏族传统节日	藏历新年	藏历正月一日到十五日
	祈祷节	农历正月初一至初三、农历六月十五
	酥油花灯节	为藏历正月十五日
	送魔节	藏历二月初七
	亮宝会	藏历二月初八
	时轮金刚日	藏历三月十五日
	萨噶达瓦节	藏历四月十五日
	浴佛节	农历四月初八
	林卡节	藏历五月初一
	采花节	藏历五月初五

续表

类别	节日	时间
藏族传统节日	雪顿节	藏历七月初一
	赛马会	藏历六月
	望果节	藏历八月间
	沐浴节	藏历七月初六至十二日
	迎神节	藏历马年八月十日
	拉白节	藏历九月二十二日
	仙女节	藏历十月十五日
	燃灯节	藏历十月二十五日
	驱鬼节	藏历十二月二十九日
特色文旅活动	玉树赛马会	日期不固定，多在每年公历6月至10月间举行
	雪域格萨尔文化艺术节	
	三江源水文化节	
	三江源生态文化旅游节	
	三江源牦牛文化节	
	澜沧江源雪域山歌节	
	康巴艺术节	

3）三江源生态旅游开发现状

基于上述对生态旅游资源单体分布及重要节假日的基础调查，本节将从旅行团线路、自驾游线路、骑行线路三个方面对目前三江源区生态旅游的开发和利用情况进行分析。

首先，在旅行团线路方面，按国内知名旅游网站——携程网的综合指标排名，提取青海省热门旅行团线路如表 7-5 所示。可以看出，青海省目前的旅行团线路较为单一，大部分旅行团游览线路围绕青海湖展开，其余热门景区包括塔尔寺、茶卡盐湖、祁连、门源等，对于三江源区的景点少有涉及。

表 7-5　青海省热门旅行团线路

编号	线路
1	川藏线—香格里拉—得荣—德格—石渠—玉树—治多—索加—沱沱河—各拉丹东—当曲
2	兰州—西宁—贵德—玛多—鄂陵湖—扎陵湖—麻多乡约古宗列—曲麻莱
3	川藏线—昌都—囊谦嘎丁寺—杂多—扎西齐瓦

编号	线路
4	西宁—玛沁—阿尼玛卿雪山—玛多—麻多乡—沱沱河—长江源—那曲—当雄—拉萨
5	香格里拉—得荣—稻城亚丁—石渠—玉树—囊谦—尕尔寺—昌都
6	西安—兰州—西宁—青海湖—玛多—玉树—囊谦—杂多—巴青—那曲—拉萨
7	玉树—治多—曲麻莱—不冻泉—索南达杰保护站—沱沱河—唐古拉山口—安多

在自驾游线路方面，如表7-6所示，青海省内约有12条认可度较高的自驾游线路，多与周边省份景区景点串联，如甘肃敦煌、张掖、兰州，四川稻城亚丁、新疆若羌、西藏拉萨、昌都等地。其中，1～10号线路均可沿铺装公路或明确路线行驶，11、12号线路有部分区段无铺装公路或明确路线，且存在非法驶入的可能性。与三江源关系最为密切的是1～4号线路。在三江源范围内的自驾线路主要依托于青藏公路G109（格尔木至拉萨）和国道G0613（玛多至玉树），沿途较为重要的中转城镇包括西宁、玉树、格尔木、玛多、曲麻莱。纵观所有路线，青海湖仍然是位于三江源腹地范围外且出现频率最高的热门景点。

表7-6　青海省自驾游线路

编号	线路
线路1：长江源探源	川藏线—香格里拉—得荣—德格—石渠—玉树—治多—索加—沱沱河—各拉丹东—当曲
线路2：黄河源探源	兰州—西宁—贵德—玛多—鄂陵湖—扎陵湖—麻多乡约古宗列—曲麻莱
线路3：澜沧江源探源	川藏线—昌都—囊谦—嘎丁寺—杂多—扎西齐瓦
线路4：三江源十日线	西宁—玛沁—阿尼玛卿雪山—玛多—麻多乡—沱沱河—长江源—那曲—当雄—拉萨
线路5：康巴风情	香格里拉—得荣—稻城亚丁—石渠—玉树—囊谦—尕尔寺—昌都
线路6：唐蕃古道	西安—兰州—西宁—青海湖—玛多—玉树—囊谦—杂多—巴青—那曲—拉萨
线路7：可可西里	玉树—治多—曲麻莱—不冻泉—索南达杰保护站—沱沱河—唐古拉山口—安多
线路8：雪山巡礼	香格里拉—卡瓦格博—雅然拉泽—年龙乡—班马县—年保玉则—久治—阿尼玛卿—玛多—玉树—曲麻莱—不冻泉—念青巴拉达泽—沱沱河—安多念青唐古拉—拉萨—羊卓雍措—乃钦康桑—日喀则—冈仁波齐
线路9：祁连山环线	兰州—西宁—青海湖—祁连—张掖—嘉峪关—敦煌—大柴旦—格尔木—茶卡—西宁
线路10：若羌线	若羌—茫崖—格尔木—拉萨
线路11：穿越可可西里	玉树—治多—曲麻莱—不冻泉—索南达杰保护站—库赛湖—卓乃湖—布喀达坂峰
线路12：穿越无人区	羌塘—赤布张错—各拉丹东—乌兰乌拉湖—西金乌兰湖—可可西里湖—布喀达坂峰—阿尔金山

在骑行线路方面，如表 7-7 所示，青海省内已有骑行旅游线路多沿国道和省道展开，与周边省份景点串联形成十天以上的骑行路线，并以西宁、格尔木、玛多为重要节点。目前长江源园区（不冻泉至沱沱河）和黄河源园区（玛多至麻多）内已有骑行路线，澜沧江园区尚未形成热门的骑行线路。

表 7-7　青海省骑行线路

编号	线路
线路 1：G109	西宁—都兰—格尔木—安多—那曲—当雄—羊八井—拉萨
线路 2：黄河源	西宁—玛多—鄂陵湖—扎陵湖—莫多乡—秋智乡—不冻泉—沱沱河—唐古拉山口
线路 3：若羌县	若羌—茫崖—格尔木
线路 4：祁连山环线	兰州—西宁—青海湖—祁连—张掖—嘉峪关—敦煌—大柴旦—格尔木—茶卡—西宁

4）三江源生态旅游问题总结

三江源是世界"第三极"腹地，"中华水塔"，长江、黄河、澜沧江的发源地，在全球范围内拥有极高的知名度和赞誉度。三江源区还涵盖了可可西里世界自然遗产地和国家级自然保护区，是大量珍稀野生物种的关键栖息地，其自然本底价值之高、生态资源之重要已得到社会各界的认可和重视，旅游者的关注度和前往热情持续高涨。但是，三江源区当前已开展的旅游活动仍以小众专业项目为主，众多的生态旅游资源尚未得到较好的开发与利用，综合分析，主要存在以下问题。

生态保护与旅游功能的冲突尚需进一步协调。一方面，生态保护的目标限制了生态旅游资源开发，从目前青海省以及三江源周边地区已开发的旅游线路来看，开发程度较高的生态旅游区仍然集中在青海湖等少数热门景点，而三江源区域内尤其是三江源国家公园腹地范围内最主要的功能由于生态保护的核心目标，生态旅游开发受到了限制；另一方面，生态旅游活动的开展给生态环境带来危险，目前游客在三江源区的旅游活动多属于自发行为，缺乏有效的引导和管理，在开展旅游活动时更多地需要依赖自身的道德修养和环境认知水平来自我约束，部分游客对核心区生态资源的污染与破坏需要引起重视。因此，充分协调生态保护与旅游功能的冲突是三江源区发展特色生态旅游的核心挑战之一。

环境教育系统尚不完善。三江源区自然文化本底价值高，在全球范围内具有极高的特殊性和认可度，具有向广大公众提供优质环境教育的先天条件。但就现状而言，三江源区的旅游业对环境教育带动不足，环境教育系统尚未形成。主要体现如下：其一，环境教育在各园区中均有缺位，三个园区间也尚未形成整体体系，目前各园区的环境教育主要集中在格尔木市可可西里管理局展厅、玉树州博物馆、索南达杰保护站和玛多县游客服务中心等各类展陈设施中，均尚未形成体系化的环境教育服务；就整体而言，目前的环境教育依托三江源区各景点单独进行，未形成系统、连贯、全面的体系，不利于游客全面了解三江源区。其二，现有旅游项目结构将限制环境教育的深入开展，目前，三江源区旅游项目以大众自驾观光、节庆活动为主，以极少数的极小众专项项目为辅，大众观光项目因项目形式和游客规模难以展开深入解说，少数高质量环境教育的受众过小而影响力不足（如山水自然保护中心的昂赛雪豹观察项目），旅游项目未能充分挖掘并完全覆盖自然文化价值，项目容量、体验层次的梯度设置均不够合理，不利于环境教育的深入开展。其三，现有环境教育对各类技术、媒介的应用不足，教育方式和媒介仍较单一。

区位条件限制了游客到访的便利性。由于大多数访客通过西宁曹家堡机场抵达青海，在青海旅游时，其游览行为围绕青海湖开展，向周边进行辐射，较为集聚的青海湖、塔尔寺、门源等热门景点成为主要的流量担当。三江源国家公园位于青海省南部，南至可可西里保护区和索加—曲麻河保护分区南界，西至可可西里保护区西界，地处偏远，距西宁车程约 1000 公里，距青海湖车程约 800 公里，交通可达性差，且途中景点分散，降低了访客前往三江源国家公园的便利性。由于交通可达性较差，因此需要考虑如何保障访客前往三江源国家公园途中的趣味性、便利性与舒适性。此外，由于当地交通可达性较差，游客在前往目的地的过程中会更偏向于选择自由度和参与度都较高的自驾游的出游模式。自驾游在一定程度上解决了出游舒适性和趣味性问题的同时，也带来了出游安全的新隐患。近年来自驾游事故屡见不鲜，加之三江源区地势复杂，野生动物较多，自驾游路线的安全保障及相应的救援措施不足成为不容忽略的问题。

景区及周边基础设施不足，居民参与度不高，旅游接待能力弱。一方面，当地经济发展落后，基础设施建设基础薄弱。三江源区自然地理特征独特，工业化建设水平较低，居民仍然延续着传统的畜牧业生产方式，社会经济发展水平落后。基础设施建设基础薄弱，且受限于环保政策、地理位置等因素，新项目落地和建设难度都较大。另一方面，服务水平和接待能力不足。三江源区人口密度较低，且受制于传统游牧生产方式，大批牧民外出放牧，造成了旅游接待能力不足。此外，医疗、警卫等社会服务条件有限，存在人员不足、设备不足、设备落后等问题，应急救援等效率低下，进一步限制了生态旅游产业的进一步发展。

7.4　多主体视角下的生态旅游风险

从生态旅游的概念内涵和基本原则来看，生态旅游是一个多主体参与的、蕴含多种功能的复杂整体。从主体角度来看，生态旅游包含了旅游者、旅游经营者、旅游地社区、旅游地政府、国际保护组织、学术界以及旅游地的自然环境七个要素（杨开忠等，2001）。生态旅游活动的开展使得各要素主体之间形成了如图 7-1 所示的紧密关系，既相互制约又彼此促进，其中，游客、当地社区、自然环境和政府部门是四类最核心的利益主体（Ross and Wall，1999），而经营者、学者和国际保护组织作为基本的利益主体，在外围共同保障了生态旅游活动的有序和健康发展。

在生态旅游活动开展过程中，不同主体由于价值理念的不同，往往有着不同的利益诉求，如游客的主要目标是收获的旅游体验，当地社区居民的主要目标是利用环境资源实现增收脱贫，而从环境保护的视角来看，自然环境主体的

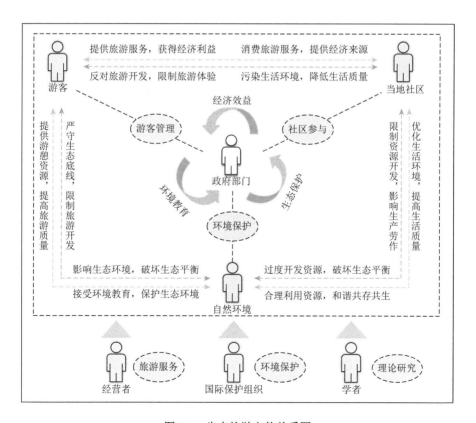

图 7-1　生态旅游主体关系图

主要目标是维持生态系统的原真性和完整性。不同主体的不同目标在生态旅游过程中如果得不到妥善处理，极易引发激烈的矛盾，给各利益相关者造成严重的负面影响，并使生态旅游活动陷入风险困境。具体来说，在我国当前发展阶段和社会背景下，我国生态旅游发展面临的关键风险困境主要包括以下几点。

1）生态资源过度开发对环境造成严重破坏，生态旅游名存实亡

生态旅游活动具有生态环境保护和提供旅游服务的双重使命，实现二者之间的平衡是生态旅游健康发展的重要前提。但近年来，粗放式开发、盲目利用生态资源为旅游服务的乱象仍然普遍存在，伴随着生态旅游需求和经济效益的增加，一大批缺乏科学规划、明确定位和生态效益考量的旅游项目一哄而上，大量旅游基础设施的建设使生态资源和文化瑰宝逐渐丧失了原本的面貌，生态旅游逐渐被"旅游生态"替代。例如，在张家界获批成为世界自然遗产之后的十多年间，有关方面在旅游区建设了许多违章建筑，严重破坏了当地生态系统的完整性，因此受到了联合国教科文组织的严厉批评；泰山景区也曾为修建客运索道，炸掉了月观峰峰面的三分之一，面积达 1.9 万平方米，损害了自然景观的原真性；伴随橡胶价格的飞速抬升，2003 年起西双版纳开始大面积砍伐热带雨林，用来种植橡胶树，不仅导致了热带雨林面积的大幅度减少，也给亚洲象的生存环境造成了不良影响。这些靠牺牲长期可持续发展换取的短期经济利益，给当地生态环境造成了严重的负面影响，进一步加剧了保护与发展之间的矛盾。

2）超载的游客数量和有限的环保意识引发严重的环境危机

一方面，随着生态旅游活动的广泛流行，游客的生态旅游需求逐渐攀升。在巨大经济利益的驱使下，由于缺乏严格的游客量监测与管控，生态旅游景区的游客量往往会超出景区生态系统的最大承载能力，而拥挤的人潮往往伴随着植被踩踏等后果，进而造成生态失衡。另一方面，我国在生态旅游活动开展过程中，尚未形成完善的环境教育体系。2013 年 1 月，联合国教科文组织曾给予中国三大著名景区张家界、庐山和五大连池黄牌警告，督促景区在"向公众科普地球科学知识"等方面做出整改。由于景区的环境教育尚未普及，游客的生态知识和环保素质普遍不高，乱扔垃圾等不文明的旅游行为也给植被生长、野生动物生存和繁育、土壤活力、水体质量、空气质量等带来了负面影响。据调查，在我国目前已开展生态旅游的自然保护区中，有两成保护对象遭到严重破坏，一成出现了旅游资源退化的现象（全千红，2021）。例如，甘肃省张掖市七彩丹霞风景区特级保护区的丹霞地貌因游客的不文明行为发生过多起严重的破坏事件，人为的踩踏和划刻现象屡禁不止。很多生态资源都属于不可再生资源，一旦遭到恶意破坏，极有可能便从此消逝，即便要恢复也要耗费数十年甚至上百年的时间。在生态旅游活动开展过程中，不规范的游客行为带来的环境破坏和污染问题已十分突出，严重威胁着生态旅游的可持续发展。

3）生态保护、社区发展和游客体验间的基本矛盾难以破解

由于我国人口密度较高，人类活动相对分散，自然保护区内大多形成了久远而紧密的人地关系。与此同时，伴随着乡村振兴战略的大力推行，在人口密集的乡村地区开展生态旅游已成为新的发展趋势（陆林等，2019），在此背景下，社区居民在生态旅游过程中的参与度也越来越高。旅游作为一种经济发展手段，在促进社区经济发展的同时，也给当地的自然景观和文化习俗带来了冲击，激发了政府部门、游客和社区居民间的矛盾冲突，威胁着生态旅游的可持续发展（刘阳和赵振斌，2021）。

首先，生态保护与社区发展之间存在矛盾。生态旅游目的地的社区居民多数依靠传统的小农种植或畜牧业为生，对自然资源的依赖性较高。居民的生产生活空间与生态环境的保护空间交错重叠，环境保护的迫切性和经济发展的必要性形成了突出且有代表性的人地矛盾（Feng et al.，2021）。一方面，为了保护生态环境，当地的产业发展和居民的生计会受到限制，而这种限制有可能会打破自然环境与农牧业劳作之间形成的相对平衡的耦合关系，进而反噬生态系统的稳定性。另一方面，居民在自身利益最大化目标的驱使下，会产生威胁生态环境的行为。例如，2020 年 3 月张家界天坑心湖被发现，其独特的造型和良好的生态环境吸引了众多游客。然而伴随着其知名度越来越高，周边居民在经济利益的驱使下，向湖中投放了养鱼的网箱，违反了国家的长江流域重点水域十年禁渔政策的同时，也对当地的生态系统造成了严重威胁。

其次，游客的旅游行为与当地社区物质和文化环境之间存在矛盾。伴随着目的地生态旅游产业的快速发展，大量的游客汇入不仅给当地建筑等物质景观带来了一定程度的破坏，也引发了交通堵塞、物价飙升等一系列问题。此外，由于生活环境的不同，当地居民和游客间往往存在着明显的文化和生活习俗的差异。为了迎合生态旅游的需求，大量不符合当地饮食习惯的餐馆拔地而起，祭祀、庆典等传统民俗活动也被强制商业化，长此以往不仅对当地珍稀的文化和习俗资源造成了冲击，也诱发了游客对于庸俗文化商演的厌烦情绪，并最终导致当地的生态旅游吸引力逐渐降低。

4）政府多头管理问题突出，相关制度仍不完善

截至 2019 年底，我国已建立的各级各类自然保护地总数超过 1.18 万，保护面积占国土陆域面积的比例超过 18%。但数量并不等同于质量，我国自然保护地发展历程中，长期存在着顶层设计不完善、法律法规不健全、管理体制不顺畅、土地权属不清等问题，导致我国自然保护地建设与发展过程中呈现出了"九龙治水"的局面。例如，著名的九寨沟景区不仅是国家级自然保护区，也是国家重点风景名胜区，同时还是国家地质公园和国家 5A 级旅游景区，九寨沟景区的每一个身份都归属于不同的管理部门，造成了多头管理部门间的权责不

清。交错的管理职能使得保护地的生态旅游开发面临着规划不清、定位不准以及旅游管理模式不成熟等困境，不仅拉低了游客的旅游体验，还损害了保护地的生态价值和经济利益。层级分明、职责明确、上下统一的自然保护地管理机构亟待建立。

7.5　本　章　小　结

生态旅游作为破解环境保护与区域经济可持续发展的有效手段，已在国际社会得到了广泛认可和迅速发展。自 20 世纪 90 年代初期，生态旅游概念正式被引入以来，我国生态旅游经过多年的积累与发展，已初具规模并呈现出了鲜明的中国特色，成为 21 世纪中国旅游的重要模式以及后疫情时代旅游经济发展的重要抓手。由于参与主体众多且各主体间的利益诉求各不相同，目前我国生态旅游仍面临着诸多障碍。本章从游客、当地社区、自然环境和政府部门四类最核心的利益主体视角出发，分析了我国生态旅游的主要风险点，明确了生态旅游产业的前进方向。

通过分析，本章将我国目前的生态旅游产业发展过程中的关键风险总结如下：首先，在生态旅游资源开发过程中，存在生态旅游资源过度开发破坏生态系统原真性和完整性的风险。在生态旅游开展过程中，游客和自然环境间存在旅游需求超载和环保意识低下与"最严格的生态环境保护制度"的冲突；当地社区和自然环境间存在保护与发展的经典矛盾；游客和当地社区间存在着交通堵塞、物价飙升等物质影响以及文化、习俗冲突等非物质冲击。在生态旅游管理过程中，各级各类政府部门间存在多头管理、权责不清的历史遗留问题，生态旅游定位不清、管理体制也尚不成熟。

为了促进我国生态旅游产业的可持续发展和旅游经济的快速复苏，各管理部门应首先建立起层级分明、职责明确、上下统一的自然保护地管理机构，为生态旅游产业发展提供良好的管理环境。其次，应加快出台相关法律政策，同时提高监管力度，使得生态环境保护和旅游产业发展有更加明确的法律依据和更加强硬的惩罚措施。再次，应充分发挥社区居民在生态旅游产业发展过程中的积极性，提高居民参与度和话语权，让居民成为环境保护和旅游服务的双重主体，为了获得更高的旅游收入自发地保护环境，为了实现环境保护目标，主动承担起游客环境教育的重要任务，真正实现环境保护与社区经济发展的齐头并进。最后，为了实现更加高效的游客数量监测和游客行为监控，亟待建设更多智慧化的生态旅游管理平台，从而为提高生态旅游管理效率和管理质量提供新的有效的工具。

第8章　国家公园是破解生态旅游困境的新方案

如第 7 章所述，基于传统自然保护地开展的生态旅游活动在得到游客追捧的同时也暴露出了诸多风险问题，各主体间的利益冲突使得生态旅游的可持续发展面临威胁。在此前提下，新的、管理规范的、具有环境教育意义的环境保护体系和生态旅游产品都亟待更新。具有悠久发展历史的国家公园兼具环境保护和提供全民游憩的功能，不仅是重要的自然保护地类型，也是被实践证明的优秀的生态旅游产品。自 2013 年以来，国家公园体系建设在我国得到了快速发展，成为破解我国环境保护与生态旅游发展困境的有力举措。但考虑到我国国情的特殊性，国家公园管理的各项体制机制还不成熟。本章将通过案例分析，从智慧化平台建设视角出发，为我国国家公园体制机制的完善提供政策建议，旨在为我国国家公园体系建设提供参考依据。

8.1　引　　言

国家公园作为一种重要的自然保护地类型，有 150 余年的发展历史，是自然保护地体系中国家自然和文化核心特质的杰出代表（吴承照和刘广宁，2015）。2013 年，党的十八届三中全会提出"建设生态文明，必须建立系统完整的生态文明制度体系"，并把"建立国家公园体制"作为生态文明制度建设的重要环节之一，开启了我国国家公园建设的序幕。在此背景下，中国国家公园体制试点工作逐渐拉开，并于 2021 年 10 月正式成立了首批五个国家公园。尽管起步较晚，但我国国家公园建设已进入了全新的发展阶段，各项管理体制机制亟待完善。

和一般的自然保护区相比，国家公园在管理体制、保护力度、国家代表性和全民公益性方面都有显著的差别。从管理体制来看，国家公园由国家批准设立并主导管理，由中央直接行使自然资源资产所有权，从源头上解决了自然保护区的"九龙治水"的管理乱象。在保护力度方面，国家公园是最重要的自然保护地类型，处于首要和主体地位。和一般的自然保护区相比，单个国家公园的保护面积相对较大，但总体数量呈现出少而精的特点。例如，三江源国家公园作为我国目前现存最大的国家公园，其总面积达 19.07 万平方公里。此外，国家公园更加强调生态系统的原真性和完整性，景观尺度更大、生态价值更高，保护力度更强。在国家代表性上，国家公园是国家的名片，是展示国家自然生态之美和传承民族文化的重要载体，因此，和一般的自然保护区相比，其保护对象通常具有更加明显的国家代表性。例如，东北虎豹国家公园和大熊猫国家公园的主要保护目标东北虎、东北豹和大熊猫，都是主要分布在我国境内的珍稀物种。在全民公益性方面，实现全民共享是国家公园的重要理念和目标，而公众享受优美生态环境的最直接的方式便是旅游。关于国家公园是否适合开展旅游活动的讨论长期存在，但经过多年的探索与实践，建立完全杜绝人为干扰的"荒野式"保护区不是唯一和最佳的选项。社会公众不再被视为自然保护的对立面，寻求可持续经济发展与自然保护之间的平衡已经成为主流的选择（O'Riordan and Stoll-Kleemann，2002），国际上已经就游憩是国家公园的重要功能达成共识。因此，除保护生态系统原真性、完整性的首要功能外，国家公园还兼具科研、教育和游憩等综合功能，为化解传统生态旅游项目面临的多主体风险困境提供了全新的方案。

随着人们生活水平和生活质量的提高，以自然为基础的生态体验成为新的快速增长的旅游趋势（Eagles et al.，2002）。国家公园独特、多样的自然资源使其成为天然的生态旅游目的地（Reinius and Fredman，2007）。研究发现，国家公园作为一种新型的生态旅游产品，对于促进游客身心健康、推动区域经济发展以及落实环境教育功能具有不容忽视的重要作用。在个人层面，国家公园能够为游客提供一个安全的自然暴露的机会，对参观者的心理健康具有积极的影响作用，置身国家公园可以让人们逃离工作和生活的压力，收获更加积极的情绪，显著提升心理幸福感（Buckley et al.，2021；Wolf et al.，2015）。同时，愉悦的心情是保持身体健康的促进因素，加上参观过程中的体力活动，游客的身体健康状况也得到了显著改善。除了上述对游客自身的积极作用外，访问国家公园还会产生超越本次旅行的更大的社会效益。一方面，研究表明，国家公园通过提高人们的心理健康水平带来的间接经济价值要比国家公园的旅游经济规模大一个数量级（Buckley et al.，2019）。另一方面，自然旅游参与过程中的娱乐体验可以加强游客对其他地点的负责任的旅游行为，因此，对公共卫生的潜在利益也是巨大的（Puhakka et al.，2017）。

如上所述，国家公园的特殊性不仅使其能够从源头上破解传统自然保护区在生态旅游开展过程中面临的部分风险困境，其生态旅游的重要价值也得到了越来越广泛的认可。我国当前正处于国家公园建设的快速发展阶段，在试点任务初步完成的同时，如何在充分考虑我国国家公园建设特殊性的前提下，建立完善的体制机制，是国家公园更好地发挥游憩功能的重要任务，也是保障生态旅游业务和生态环境长期可持续发展的关键环节（Eagles et al.，2002）。由于我国单个国家公园的保护面积较大且所处的地理环境相对苛刻，传统的依靠人力的纸质管理模式不仅时间成本高，对管护人员的人身财产安全也具有极大的威胁性。在此背景下，智慧化、数字化的管理手段亟待完善。因此，本章将通过案例分析，对我国国家公园的智慧化建设的必要性进行分析，并提出可行的建设方案，以期为国家公园的可持续发展和现代化建设提供参考。

本章剩余部分的结构安排如下：8.2 节回顾了我国国家公园的发展历史；8.3 节以三江源国家公园为对象，分析了我国国家公园智慧化建设的重点方向；8.4 节针对第三极国家公园群这一未来重点的建设领域，分析了第三极国家公园的智慧旅游解决方案；8.5 节对本章研究工作进行了总结。

8.2　我国国家公园的发展历史

根据世界自然保护联盟的定义，国家公园是为保护大规模的生态过程及相关物种和生态系统固有特征而建立的大面积的自然或者接近自然的区域，与此同时，国家公园还兼具环境教育、科学研究、娱乐和游憩功能。

回顾历史，国家公园这一概念最早可以追溯到 1832 年，美国艺术家乔治·卡特林（George Catlin）首次提出了"国家公园"（National Park）的建设理念。1872年，经美国国会批准，黄石国家公园作为世界上第一个国家公园正式成立。此后，国家公园的概念开始在世界范围内传播，全球 200 多个国家先后加入了国家公园建设与发展的队伍。诞生了美国亚利桑那州大峡谷国家公园、南非克鲁格国家公园、阿根廷冰川国家公园、俄罗斯北极国家公园、新西兰峡湾国家公园等享誉世界的国家公园。然而，由于各个国家的政治、经济、文化背景各异，形成的国家公园体系和保护理念也呈现出了不同的国家特色（徐菲菲和 Fox，2015）。

与其他国家成熟的发展经验相比，由于复杂的政策管理制度和独特的资源环境现状，我国国家公园的建设起步较晚。1982 年 11 月，国务院审定了我国第一批共计 44 处国家重点风景名胜区，为全国风景名胜区的建设奠定了坚实的基础，我国风景名胜区体系逐步形成和发展（王秉洛，2012）。1994 年《中国风景名胜区形势与展望》绿皮书中明确指出，"中国风景名胜区与国际上的国家公园（National Park）相对应，同时又有自己的特点。中国国家级风景名胜区的英文名称为 National Park of China"。然而，此时的风景名胜区无论在保护力度还是国家代表性上，都与其他国家的国家公园存在明显差距。

2006 年，云南省通过地方立法成立了普达措国家公园，这是中国大陆第一个由林业主管部门审批的国家公园，标志着中国国家公园建设的一大进步。2008 年，中国环境保护部和国家旅游局批准建设了黑龙江汤旺河国家公园，被认为是我国首个获得国家级政府部门批准核定建设的国家公园。直至 2013 年，党的十八届三中全会首次提出"建立国家公园体制"（樊杰等，2017），中国国家公园建设步入正轨，成为生态文明建设的重要内容（吴承照和刘广宁，2015）。

2015 年 5 月，国务院批转国家发展改革委《关于 2015 年深化经济体制改革重点工作的意见》的通知中提出，"在 9 个省份开展国家公园体制试点"，北京、吉林、黑龙江、浙江、福建、湖北、湖南、云南、青海成为第一批国家公园试点省市，我国国家公园结束了 2006 年至 2014 年的探索期，正式进入试点阶段。2016 年 3 月，中共中央办公厅、国务院办公厅正式印发《三江源国家公园体制试点方案》，标志着中国首个国家公园体制试点全面展开。2017 年 9 月，中共中央办公厅、国务院办公厅再次印发《建立国家公园体制总体方案》，中国正式步入国家公园全面试点阶段，诞生了三江源国家公园、大熊猫国家公园、东北虎豹国家公园等首批 10 个国家公园体制试点区。不同于大部分国家工业化文明时期"自然保护和提供全民游憩"的建设目标，中国的国家公园严格遵循"生态保护第一"的使命（Feng et al.，2021）。2017 年 9 月，中共中央办公厅、国务院办公厅印发《建立国家公园体制总体方案》，明确提出了"国家公园是我国自然保护地最重要类型之一，属于全国主体功能区规划中的禁止开发区域，纳入全国生态保护红线区域管控范围，实行最严格的保护"的国家公园发展定位，这不仅是中国国家公园建设起步晚、生态环境保护迫切的必然结果，也是中国碳达峰和碳中和战略的重要举措，更是我国切实保护生态环境、实现人与自然和谐发展目标的坚定决心。各国家公园体制试点区的基本信息如表 8-1 所示。

表 8-1　我国国家公园试点区域

试点名称	关键时间节点	事件
三江源国家公园	2015.12	审议通过《三江源国家公园体制试点方案》
	2016.03	印发《三江源国家公园体制试点方案》
	2016.06	三江源国家公园管理局成立
	2018.01	印发《三江源国家公园总体规划》
	2021.10	正式成立
武夷山国家公园	2016.06	审议通过《武夷山国家公园体制试点区试点实施方案》
	2017.06	组建武夷山国家公园管理局
	2018.03	施行《武夷山国家公园条例（试行）》
	2019.12	印发《武夷山国家公园总体规划及专项规划（2017—2025 年）》
	2021.10	正式成立
大熊猫国家公园	2016.12	审议通过《大熊猫国家公园体制试点方案》
	2017.01	印发《大熊猫国家公园体制试点方案》
	2018.10	大熊猫国家公园管理局成立
	2021.10	正式成立

续表

试点名称	关键时间节点	事件
东北虎豹国家公园	2016.12	审议通过《东北虎豹国家公园体制试点方案》
	2017.01	印发《东北虎豹国家公园体制试点方案》
	2017.08	东北虎豹国家公园管理局成立
	2021.10	正式成立
海南热带雨林国家公园	2019.01	审议通过《海南热带雨林国家公园体制试点方案》
	2019.04	海南热带雨林国家公园管理局成立
	2019.07	印发《海南热带雨林国家公园体制试点方案》
	2021.10	正式成立
神农架国家公园	2016.05	审议通过《神农架国家公园体制试点实施方案》
	2016.11	神农架国家公园管理局成立
	2018.05	《神农架国家公园保护条例》实施
	2022.03	《神农架国家公园设立方案》通过评审
钱江源国家公园	2016.06	审议通过《钱江源国家公园体制试点区试点实施方案》
	2017.10	发布实施《钱江源国家公园体制试点区总体规划（2016—2025）》
	2019.07	钱江源国家公园管理局成立
香格里拉普达措国家公园	2007	作为地方级国家公园正式成立
	2016.06	审议通过《香格里拉普达措国家公园体制试点区试点实施方案》
	2018.08	香格里拉普达措国家公园管理局成立
	2020.04	审批同意《香格里拉普达措国家公园总体规划（2019—2025 年)》
南山国家公园	2016.07	审议通过《南山国家公园体制试点区试点实施方案》
	2017.10	湖南南山国家公园管理局成立
	2020.05	出台《南山国家公园总体规划（2018—2025 年）》
长城国家（文化）公园	2016.08	《北京长城国家公园体制试点区试点实施方案》获批
	2016.12	北京长城国家公园体制试点区管理委员会筹建办公室正式设立
	2019.07	审议通过《长城、大运河、长征国家文化公园建设方案》
	2021.08	印发《长城国家文化公园建设保护规划》
祁连山国家公园	2017.06	审议通过《祁连山国家公园体制试点方案》
	2017.09	印发《祁连山国家公园体制试点实施方案》
	2018.10	祁连山国家公园管理局成立

2021 年 10 月，我国正式设立三江源国家公园、大熊猫国家公园、东北虎

豹国家公园、海南热带雨林国家公园、武夷山国家公园首批 5 个国家公园，保护面积达 23 万平方公里，涵盖近 30% 的陆域国家重点保护野生动植物种类，开启了我国国家公园建设的新篇章。2022 年 11 月，国务院印发《关于国家公园空间布局方案的批复》，原则同意《国家公园空间布局方案》，《国家公园空间布局方案》遴选出了 49 个国家公园候选区（含正式设立的 5 个国家公园），总面积约 110 万平方公里。其中，青藏高原布局 13 个候选区，形成青藏高原国家公园群，总面积约 77 万平方公里。正如樊杰等（2017）提到的那样，在青藏高原地区建设第三极国家公园群是我国西藏自治区落实主体功能区大战略、走绿色发展之路的科学抉择，也是我国国家公园未来的重点工作之一。

尽管我国国家公园建设已初具规模并进入了快速发展阶段，但由于国情的特殊性和起步较晚导致的建设经验不足，我国国家公园的管理体系目前尚不成熟，如何借助数字化和智慧化的手段完善国家公园体制机制是未来国家公园建设需要重点考虑的问题。

8.3　三江源国家公园智慧化建设案例

自 2016 年试点工作推进以来，三江源国家公园在自然生态系统的原真性、完整性保护，以及科研、教育、游憩等方面做出了卓有成效的探索，并于 2021 年 10 月正式设立，成为我国第一个国家公园。然而，面对三江源国家公园的进一步发展需求，传统的高度依赖人工的粗放式管理方式已无法保障运营决策的科学性、有效性与可持续性。基于此，建议加快推进三江源国家公园的智慧化建设，在兼顾生态资源有效保护、人民群众生活富裕核心目标的前提下，充分运用新一代信息技术，对三江源国家公园进行管理模式、服务理念和经营方式上的创新，提高管理效率与效能，有力推动三江源国家公园成为生态保护、科研监测、生态体验与科普教育的品牌化基地，逐步实现数字青藏高原、模型青藏高原、智慧青藏高原的应用示范。

8.3.1　三江源国家公园数字化建设成果

长久以来，三江源区形成了以政府为主导、农牧户参与为主的生态保护模式，但由于人口稀少、经济落后、基础设施欠缺等诸多因素限制，仍存在管理投入不足、管理效率低下等问题。随着国家公园试点工作的开展，数字化建设受到高度重视。《三江源国家公园总体规划》强调，依托城镇共享信息基础设施、云计算和大数据中心、基础数据资源建设等工程打造智慧国家公园。《推动三江源国家公园设立工作方案》提出，加快推进三江源国家公园门禁系统等标志性建筑项目和保护监测、科普教育服务、大数据中心建设、展陈中心等基础设施建设项目。《青海省"十四五"重大项目布局规划》也将健全现代化高速共享信息网列为推进国家公园示范省的重要举措。

目前，三江源国家公园已基本完成了信息基础设施铺设工作，实现了基于星空地一体化监测体系的实时数据获取，搭建了网络传输与卫星通信相结合的高效数据传输系统，依托大数据中心和云计算技术实现了数据存储。在此基础上实现了对国家公园基础数据、人类活动遗迹动态数据库、动植物基因库和管护员数据库的构建，以及大数据监测和数据应用平台的搭建工作。初步落实了立体化感知、大数据决策、云信息服务等技术体系，实现了监控网络化、存储高效化、信息共享化。

1）信息基础设施建设

构建了覆盖三江源区重点生态区域的星空地一体化监测网络体系，实现了及时精准的数据捕捉。星空地一体化监测网络体系由卫星遥感监测和地面监测共同构建。通过与中国航天科技集团、中国科学院等机构建立战略合作关系，三江源国家公园管理局积极推进三江源国家公园生态大数据中心建设项目和卫星通信系统建设项目，重点开展对卫星遥感、卫星通信传输、无人机、地面遥感感知等技术的科学研究，建设了覆盖三江源区 39.5 万平方公里多个典型区的生态遥感监测评价和示范体系，实现了对三江源区（包括三江源国家公园、可可西里世界自然遗产地）生态环境状况的监测，满足对区域生态系统现状的总体把握。

在地面监测体系构建过程中，青海省水土保持监测总站、青海省地理空间和自然资源大数据中心、青海省国家公园科研监测评估中心、青海省气象科学研究所、青海省水文水资源测报中心、青海省农牧业遥感中心、三江源国家公园管理局生态监测信息中心等 7 个生态监测单位于 2020 年 6 月在青海西宁签订《三江源国家公园生态监测数据交换共享合作协议》。充分利用三江源区和国家公园范围内治多、曲麻莱、玛多、杂多在内的近千个生态监测站点，开展对生态环境状况、植被覆盖、生物量、水域面积、积雪、草地、土壤侵蚀等情况的地面监测。并连续四年发布了三江源区、三江源国家公园、可可西里世界自然遗产地生态监测评价报告。此外，高校、非政府组织和生态管护员共同组成了多元化的生态监测团队，通过红外相机和手持终端设备记录了珍贵的野生动物活动影像，为地面监测提供了宝贵的补充数据源。

建立了网络传输与卫星通信相结合的传输系统，实现了稳定高效的数据传输。网络传输系统建设方面，建立了以"村村通"光纤通信为基干，电子政务内外网、互联网及国产卫星通信链路全覆盖的区域信息管理网络。基于该系统，形成了覆盖三江源重点地区的地面视频监测能力，为及时掌握区域生态环境变化、观测野生动物种群现状提供了重要的技术和数据支撑。在有线网络难以覆盖的无人区，通过配备卫星通信固定站、卫星通信便携站、背负站、北斗手持终端、动中通和静中通等设施设备，基本解决了无网络地区森林公安派出所日常办公、巡护中的上网和通信问题，实现了园区生态保护管理和各类信息的高效安全联通。

依托云计算数据中心，实现了海量大数据的安全存储。试点期间，三江源国家公园依托中国移动（青海）高原大数据中心，实现了对生态环境监测等部分非涉密数据的存储，并搭建了管理局自己的涉密机房，对涉密数据进行安全存储。同时，积极推进三江源国家公园大数据中心的落地工作，加快实现数据库和云平台定制开发、数据可视化和协同办公系统搭建，为实现"一站式"信息化解决方案提供技术支撑。

2）基础数据资源建设

建立国家公园基础数据库。试点期间，三江源国家公园认真开展了国有自然资源资产管理体制试点工作，完成园区范围内水流、森林、湿地、山岭、草原、荒地、滩涂野生动物、矿产资源等自然资源统一确权登记工作，进一步摸清了自然资源的类型、种类、权属、位置、界址、数量、质量、保护状况等基本情况，并组织开展了国家重点生态功能区县域生态环境质量考核数据录入和审核工作。同时，广泛收集国家公园规划体系、法律法规、项目档案、生态监测报告等文字资料，并对人类活动和生态系统水平基准及高程基准信息进行收集整理，建立了国家公园基础数据库，为了解三江源国家公园整体情况提供数据参考。

建立三江源国家公园野生动物本底数据库，启动青藏高原动物基因库搭建工作。2020年10月，"三江源国家公园野生动物本底调查"项目完成，首次形成了三江源国家公园陆生脊椎动物物种名录，开展三江源区雪豹专项调查和监测，确定了三江源国家公园雪豹部分重点分布区，准确定位255个具体分布位点，开展雪豹栖息地适宜性评价研究，精细绘制三江源国家公园优势物种分布图，明确优势物种的分布范围和热点区域，为科学保护野生动物提供了最基础数据。此外，为了保护青藏高原独特的野生动物遗传资源，三江源国家公园研究院已启动青藏高原动物基因库搭建工作，本着开放共享的原则已完成90%以上的青藏高原特有物种的基因组资源收录，包括野牦牛、藏野驴、盘羊、西藏棕熊、藏羚羊等。

建立人类活动遗迹动态管理数据库。试点期间，开展了三江源国家公园园区、三江源国家级自然保护区以及可可西里世界自然遗产地人类活动以及数据库的建立工作。2016年度共解译89 702个图斑，形成人类活动基础数据库，2017～2019年共解译图斑91 368个，新增图斑1666个，形成了动态人类活动数据库。

建立了生态管护员动态信息管理数据库。将园区内生态管护员的识别、管理、考核、培训等全部纳入数据库，初步实现生态管护员信息化管理。

3）数据应用平台开发与系统建设

建立了基础地理信息基准平台。综合利用国产卫星技术，建设了覆盖三江源区生态系统管理16米分辨率和人类活动管理2米分辨率的基础地理信息基准体系及重点区域三维高精度场景建设，形成"智慧三江源一张图"。

建设了重点湖泊生态综合监测应用系统。通过土地覆被、水资源、浸溢灾害遥感监测、气象监测和无人机监测等综合技术手段，开展重点湖泊生态综合监测应用系统建设。目前，主要针对可可西里盐湖周边区域生态与环境因子、陆生动植物、水生生态系统变化情况开展重点监测。

搭建了三江源国家公园物联网监测系统。三江源国家公园研究院依托物联网技术，搭建了野外监测平台对海晏、同德、曲麻莱、可可西里、玛多、玛沁六个野外站点的空气温度、蒸发量、气压、风速、风向、H_2O 浓度、CO_2 浓度、辐射量等数据进行监测和数据汇总，为及时了解和掌握各监测站点的异常信息并做出有效干预提供了重要依据。

搭建了三江源巡更系统大数据平台。森林公安和生态管护员作为三江源国家公园生态保护的重要参与群体，其在巡更过程中往往可以发现很多专业监测设备无法捕捉的珍贵影像资料，为了对这部分资料数据进行收集，三江源国家公园研究院开发设计了三江源巡更系统大数据平台，实现了对巡更人员、巡更地点线路、巡更时间和巡更信息的记录。巡更人员可以在任务进行过程中随时以语音、图片等多种形式上传自己的所见所得，为突发事件应对和生态环境保护提供了重要的补充信息。

构建了三江源国家公园星空地一体化生态监测数据平台。为了更好地支持三江源国家公园的建设，中国科学院西北高原生物研究所等单位在青海省重大科技专项"三江源国家公园星空地一体化生态监测及数据平台建设和开发应用"的支持下，构建了三江源星空地一体化生态监测数据平台，实现了集生态监测数据汇集、管理、分析及演示示范为一体的三江源国家公园大数据可视化数据监测与信息展示平台，显著提升了三江源国家公园生态监测覆盖程度和多源异构数据融合能力，为有效开展三江源国家公园科学研究提供了宝贵的数据支撑。

4）新媒体平台建设

目前三江源国家公园主要运营的媒体平台包括"三江源国家公园"微信公众号以及"三江源国家公园"官方微博账号，以及三江源国家公园官方网站。从功能建设和发布内容来看，各平台基本实现了一定的科普教育功能，以新闻报道、人物采访、生态科普等多元化内容，以及文字、图片和视频等多元化形式为公众了解国家公园建设背景、进程与意义提供了官方的信息获取渠道。

8.3.2　三江源国家公园数字化建设瓶颈

当前，三江源国家公园已初步建成生态监测预警系统，并积极开展"三江源国家公园星空地一体化生态监测及数据平台建设和开发应用",基本形成了多专业融合、站点互补、地面与遥感监测结合、驻测巡测结合的点、线、面一体的生态监测站网体系。但是,从数字化建设的覆盖范围、支撑作用和保障体系来看,仍存在一定的不足。

现有功能存在局限性。目前,三江源国家公园的智慧化建设工作主要聚焦于对生态环境和动植物资源的监测,忽略了对当地文化资源的系统性数据收集和保护。此外,虽然构建了人类活动遗迹动态数据库,但该数据主要面向当地社区和居民,尚未形成对生态体验者等公众群体的行为监测和应急管理系统。针对三江源国家公园生态环境高度脆弱、高寒、高海拔等特征,如何借助智慧化手段多渠道提升公众的生态体验,引导和规范公众的生态访问行为,打造国家公园品牌,是数字化建设尚需考虑的重要问题。因此,在"生态保护第一"的建设目标进一步落实的前提下,下一步应重点加快文化资源和访客行为监测平台的搭建进度,为更好地实现科普教育、生态体验和应急管理功能提供数据支持。

对精准施策的支撑作用有限。三江源区农牧民收入现状与全国平均水平还有一定差距,实现生态资源向生态产品价值、生态体验价值的转换,是改善国家公园覆盖区农牧民生活条件的重要途径。然而,目前有关资源环境承载力、社会发展、人口经济等方面的监测成果对三江源国家公园及相关行业的实际支撑作用有限,从数据采集到精准施策的关键环节尚未完全打通,还需要相应的需求引导与智慧化平台示范,在访客管控、家畜承载力评估、游牧方案设计等多场景进行应用。

基础设施保障体系尚不健全。尽管三江源区已部署了生态系统综合站点与环境质量监测站点网络,但这些仍不足以支撑国家公园全方位的数字化建设与运行。受限于人口密度低、经济社会发展落后等因素,当地的道路交通、电力设施、通信设施等仍不健全,部分乡镇存在供电不足或尚未通电的情况,严重阻碍数字化进程。因此,需要大力加强三江源国家公园关键基础设施保障体系建设。

数据更新与维护不及时。以三江源国家公园星空地一体化生态监测数据平台为例,存在平台建设后数据更新不及时,维护不到位的情况,部分数据仅包含一个或少数几个样本年份,使得数据的连续性和研究潜力大打折扣。因此,在现有数据应用体系的基础上,要鼓励数据更新,督促系统维护工作的落实,形成动态化可追踪的数据共享体系。

数据采集和应用效率较低。各园区管委会在调研时发现,部分平台建设后面临使用率不高的现象。虽然管理局为各园区配备了先进的生态保护监测设备,但由于缺乏专业技术人员指导,出现了设备闲置和生态监测工作无法正常开展的局面。尤其是管护员手持设备终端的使用仍然存在网络不畅、功能复杂等实际应用障碍,妨碍了数据的采集和传输。未来应针对现有平台的数据采集需求,加大人才投入,强化相关业务培训,在已有平台的基础上进一步实现高效的平台应用。

协同办公效率有待提升。目前三江源国家公园的智慧化管理平台建设仍然相对分散，缺乏集成的综合管理平台建设。未来应在现有数据监测体系、基础数据资源和大数据应用平台的基础上，根据国家公园自然资源管理、生态遥感监测数据要素智能提取、生态管护、提高执法管理能力和电子政务与信息资源共享等业务需求，实现业务集成和数据联通，加快推进三江源国家公园生态大数据中心建设项目进度，推进协同办公平台和政务综合信息平台建设，为三江源国家公园管理决策提供"一站式"服务。

新媒体覆盖面较窄。三江源国家公园目前主要运作的三个新媒体平台的关注度及文章阅读量都不高，且发布的内容以政策性文件和工作动态为主，缺少能吸引公众注意力的多元化内容。抖音等新兴媒体平台虽有账号设置，但宣传力度有待加强。此外，各媒体平台目前发挥了一定的宣传教育功能，但在智慧展示、智慧体验和工作服务等方面的功能仍然存在严重空缺。未来应着力完善新媒体平台功能建设，如基于虚拟现实技术实现虚拟国家公园展示，以更加生动的形式科普国家公园；开发线上商城助力社区可持续发展；嵌入生态体验服务功能，实现线上预约服务功能，提升访客使用的流畅度，让更多向往三江源国家公园的公众享受高品质的国家公园环境教育服务。

8.3.3　国外国家公园的数字化建设经验

国外国家公园的发展已有百余年历史。通过对比调研北美、欧洲、大洋以及非洲等地区的六个国际上有代表性的国家公园网络平台，以及对部分国家公园的实地考察，总结其数字化建设经验如下。

以较完备的功能体系服务多维度的利益相关者。虽然各国家公园的侧重点有所不同，但其网络平台的功能可大致分为生态保护、游憩管理、应急管理、科普科研以及管理宣传五个维度（表 8-2），服务于管理者、公众、当地商户等多利益相关者。例如，通过集成遥感影像，为管理者提供实时展示生态资源动态的决策支持平台，为访客提供直观、交互性强、信息内容丰富的游憩服务平台，为当地商户提供高品质、高满意度服务的营销管理平台等。

表 8-2　各国家公园智慧化建设情况

功能维度	核心功能	黄石国家公园	班夫国家公园	蓝山国家公园	亚瑟通道国家公园	峰区国家公园	克鲁格国家公园
生态保护	动植物信息	√	√	√	√		√
	历史文化信息	√	√	√	√	√	√
	生态保护成果		√		√	√	

续表

功能维度	核心功能	黄石国家公园	班夫国家公园	蓝山国家公园`	亚瑟通道国家公园	峰区国家公园	克鲁格国家公园
游憩管理	美景展示	✓		✓	✓	✓	
	游览基础信息	✓	✓	✓	✓	✓	✓
	旅游设施资源	✓	✓	✓	✓	✓	✓
	特色活动	✓	✓	✓	✓	✓	✓
	虚拟公园	✓	✓	✓	✓	✓	
	智能导览	✓	✓				✓
	电子商务	✓	✓	✓	✓	✓	
应急管理	安全警告	✓	✓	✓	✓		
科普科研	教育访问	✓	✓	✓	✓	✓	
	科普宣传	✓	✓	✓	✓	✓	✓
	科研/项目	✓	✓	✓	✓	✓	
管理宣传	新闻与通告	✓	✓	✓	✓	✓	✓
	公园概况	✓	✓	✓	✓	✓	✓
	捐赠与合作	✓		✓	✓	✓	

以智慧化手段提高生态体验的交互性与实时性。随着虚拟现实、增强现实等技术的应用，部分国家公园以交互式全景代替传统的以图片、视频为主的景观展示模式，帮助公众以互动、体验的方式领略国家公园的美景。与此同时，基于定位功能，掌握访客位置与浏览轨迹，实时推送周边的景点、设施资源及安全预警信息，并针对突发状况进行游憩方案的调整与控制。

因地制宜提供多样化基础设施保障。除了保障水、电、通信等关键基础设施外，这些国家公园结合自身的地理特征、访客结构、特色资源、风险类型，筹备了个性化的设备与设施，为入园访客与研究者提供支持。例如，为天文科普教育提供观星设备，利用国家公园专属 App 进行动植物信息溯源与增强现实展示，为访客发放一键报警设备，在园区部署远程监控设施等。

8.3.4　三江源国家公园数字化建设建议

1）统筹布局三江源国家公园大数据中心

构建数字标准体系框架。围绕数据整合、共享、开放等重点领域，抓好国家公园数据平台标准化建设，加快数据资源目录编制规范的出台，打通多源、多类型数据互通的关键节点。

系统化部署基础资源数据库。围绕三江源国家公园的核心功能，加快推进有关动植物分布、景观、社会经济、灾害应急、气象因子、水文因子、巡航轨迹等基础数据、图像、音频的采集工作，构建生态、游憩、民生等关键数据库，为三江源区生态保护与社会发展提供数据支撑。

搭建云计算和大数据中心。推进互联网、云计算、人工智能、区块链等技术的联动应用，构建三江源国家公园大数据模型和云架构，搭建各类数据的可视化、分析处理、运维管理等一系列环境建设与服务应用，支撑数字国家公园发展决策。

2）加快建设三江源国家公园智慧管理平台

基于三江源国家公园的功能定位，面向管理者、访客、公众与科研工作者、当地商户与农牧户等目标用户的不同诉求，集成生态保护、生态体验、科普科研、公共治理四个子平台，提出适用于国家公园科学化、精准化、可持续性管理的解决方案，有力衔接基础数据与实际需求。

完善面向大尺度空间的生态保护平台。充分考虑三江源生态景观与资源的空间大尺度属性，整体部署三江源国家公园生态环境的全域监测与保护平台。规范不同区域的生态监测体系，开展生态资源现状摸底与常态化跟踪监测；加强生态监测数据库和信息管理系统建设，实现遥感监测和地面监测的有机衔接、生态监测数据共享与集成；提供生态容量实时动态的可视化展示，实现生态安全监测与危机预警；聚焦生态资产评估和生态补偿长效机制，通过生态保护策略仿真与决策，促进区域内多种生态要素良性可持续发展。

构建面向生态体验全过程的访客服务平台。借助智慧化手段构筑覆盖"访问前—访问中—访问后"全过程的一站式生态体验模式。以"虚拟三江源"突破生态体验的时间与空间限制，通过电脑或移动设备云端分享视角可控的全景影像，借助虚拟现实与裸眼 3D 等技术，打造亲临实景般的新型观景体验方式；实现智能导览功能，根据交通方式、来访时间、预算、偏好等信息为访客智能规划体验路线，并实时监控访客位置与游览轨迹，对私闯保护区等行为进行示警；基于访客位置的精准跟踪，针对突发事件优化应急救援方案与应急物资调度；创新园区服务与电子商务模式，辅助访客实时查询停车场、酒店、餐厅等空位情况，并获取关键服务、文化产品及生态体验项目等信息。

打造面向全民的公益科普科研平台。按照绿色、循环、低碳、可持续的理念设计符合保护要求的自然教育项目与科学研究线路，满足三江源国家公园全民公益性需求。在科普教育方面，依托三江源国家公园监测平台部分设施和数据，开发个人终端应用程序，配套实时自然解说服务；通过构建知识关联系统、生态课堂等方式，对三江源国家公园历史演变、生态环境、人文特色进行展示、宣传与教育。在科研服务方面，辅助科研团队进行专业线路制定、风险预测、审批监管、食宿服务等工作；依托青藏高原第二次科学考察与其他的科研活动，汇聚并定期发布三江源国家公园的科考与科研成果。

建设面向多利益相关者的公共治理平台。从公园治理集成化与公共服务智能化两个维度着手，培育民众主动保护、多方支持三江源国家公园建设的良好氛围。一方面，基于国家公园数据汇交与云计算平台，有效支撑入境审批、自检上报、特许经营申报等管理活动，为国家公园管理者提供可视化展现与决策分析服务；充分吸纳居民参与生态保护、资源管护、生态体验等公园日常管理工作，为全民参与共建提供集成平台。另一方面，集成社区管理平台、大数据生态畜牧业平台、三江源国家公园生态监测平台等，对社区治安、消防、畜牧路径的选择等进行精准化服务，以数字化改善居民生活环境，赋能农牧业提质增效。

3）大力推进新型基础设施保障体系建设

优化部署支撑三江源国家公园运行的电力、水利、通信、交通等关键基础设施。基于新一代信息技术，建设以5G、新一代全光网、工业互联网、物联网、卫星互联网等为代表的通信网络基础设施，以数据中心、灾备中心等为代表的存储基础设施，以全息课堂、虚拟景区为代表的科普科研基础设施，以人工智能、云计算、区块链、边缘计算、量子计算、类脑计算、光子计算等为代表的新技术基础设施，以超算中心、智能计算中心等为代表的算力基础设施，构成互联互通、经济适用、自主可控的分布式、智能化信息基础设施体系。

8.4　第三极国家公园群智慧旅游案例

8.4.1　第三极国家公园群建设的必要性

几千年来，青藏高原在世界范围内保持着不可撼动的重要地位。它平均海拔4000米以上，总面积约257万平方公里，拥有珍稀的生态环境及独特的自然景观，是独一无二的旅游目的地和重要的环境保护地。和其他两极一样，这里地域辽阔却人烟稀少（面积约占整个中国国土面积的1/4，人口却不足全国总人口的1%），气候寒冷，拥有珍贵的淡水及动植物资源，并对全球的生态环境具有不容忽视的重要影响（青藏高原的隆起很大程度上增强了亚洲季风），被称为地球的"第三极"。

2017年，樊杰在对青藏高原进行科学考察后，首次提出要在青藏高原建立国家公园群的构想，他的想法也得到了国家公园管理部门的认可和采纳（樊杰等，2017）。建设第三极国家公园群不仅是青海省旅游业快速发展的必然趋势，也是保护青藏高原脆弱生态系统和优秀传统文化的有效举措，更是青藏高原地区实现可持续发展的最佳途径。

（1）建设第三极国家公园群是青藏高原旅游业快速发展的必然趋势。近年来，青藏高原腹地内各省区（主要包括青海和西藏两个全部位于青藏高原范围内的省区）的旅游产业发展迅速，接待入境过夜游客人数也都呈现出不同程度的上涨（图 8-1）。除此之外，人们对旅游产品的参与性、环保性和知识性的需求大大增加，这都促使旅游产业向绿色发展的方向转变。因此，第三极国家公园群的建设不仅是满足青藏高原地区日益增长的旅游需求的必然选择，也是旅游产业转型的有效手段。

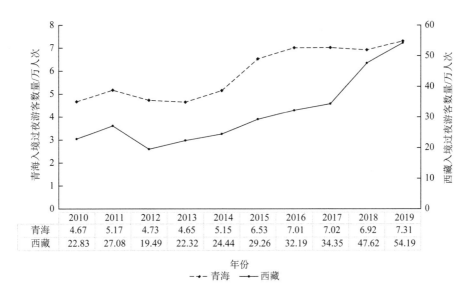

	2010	2011	2012	2013	2014	2015	2016	2017	2018	2019
青海	4.67	5.17	4.73	4.65	5.15	6.53	7.01	7.02	6.92	7.31
西藏	22.83	27.08	19.49	22.32	24.44	29.26	32.19	34.35	47.62	54.19

年份
-▲- 青海　-●- 西藏

图 8-1　接待入境过夜游客数量

资料来源：国家统计局

（2）建设第三极国家公园群是保护青藏高原脆弱生态系统和优秀传统文化的有效举措。青藏高原作为世界范围内生态系统极其脆弱的地区，正遭受着土壤侵蚀和气候变化等环境危机（Ma et al.，2018；Yang et al.，2018）。随着旅游需求的快速增长，旅游目的地的大范围开发和游客的大量涌入必然会对当地的生态环境造成不可逆的打击。此外，青藏高原作为藏族的主要聚集地，至今还保留着独特和完整的藏族文化，形成了优秀的人文生态系统，但受到新兴文化的冲击，也面临着严重的发展危机。虽然自 1978 年改革开放以来，中国的生态系统保护和自然遗产传承事业得到了快速发展，先后建立起了包括自然保护区、森林公园、自然遗产保护区在内的多种类型的自然和人文生态系统保护地，但对各类保护地的管理还没有形成统一的规范，保护对象至今也还没有科学的区分标准，导致保护效率低下，无法从根本上解决环保问题。亟待提出从源头出发、更加具有针对性的新的保护模式。

（3）建设第三极国家公园群是青藏高原实现可持续发展的最佳途径。虽然环境保护迫在眉睫，但环境保护往往会与当地的经济发展存在难以协调的矛盾（He et al.，2018）。目前，中国正处于实现中华民族伟大复兴的关键时期，经济已由高速增长阶段转向高质量发展阶段。青藏高原具有生态脆弱、资源贫乏、自然灾害多发等特征，同时也是国家重要的生态安全屏障。因此，在创建高原经济高质量发展先行区的过程中，要立足青藏高原特有资源禀赋，找准适宜的经济发展模式。国家公园作为一种特殊的旅游产品，不仅是重要的环境保护手段，也是有效的经济发展措施，能有效地权衡人与自然之间的利益关系，处理生态保护与旅游发展之间的矛盾。因此，以青藏高原地区已有自然和人文资源为基础筹备国家公园是实现青藏高原地区可持续发展的最佳途径。

8.4.2　第三极国家公园群生态旅游面临的困境

首先，在自然条件方面。①区域面积庞大，通达性差。青藏高原国家公园群腹地范围内各保护区、景点之间路途遥远，公路网络稀疏且路况相对较差，造成了巨大的交通时间成本，这不仅增加了管理者的日常管理难度，也给进行生态体验的游客带来了如何选择和优化旅游线路等难题。②生态环境脆弱，易受外界干扰。恶劣的气候条件和复杂的地理环境使当地的生态系统十分脆弱，呈现出对外力作用的不稳定性和敏感性，微小的环境变化和外界干扰都可能引起当地生态系统结构性和功能性的改变，进而对区域生态环境和周边地区生态安全构成威胁。③气候和地势条件恶劣，健康和安全风险显著。青藏高原的平均海拔高度在4000米以上，素有"世界屋脊"的称号，高海拔的地势特征使得青藏高原的太阳辐射较强，气温较低，空气稀薄干燥，出现高原反应等健康风险指数增大。此外，青藏高原是我国最大的地震区，各处高山参差不齐，地形险峻多变，地震、塌方、泥石流等自然灾害事件频发，复杂的路况也使得交通事故和车辆故障等交通道路风险增大，给访客带来了严重的生命安全威胁。

其次，在社会条件方面。①经济发展落后，基础设施建设基础薄弱（表8-3）。青藏高原自然地理特征独特，工业化建设水平较低，居民仍然延续着传统的畜牧业生产方式，社会经济发展水平落后。多数地区的乡镇仍存在供电不足或尚未通电的情况，基础设施建设基础薄弱，且受限于环保政策、地理位置等因素，新项目落地和建设难度都较大。②服务水平和接待能力不足。青藏高原是我国人口分布最少和最分散的地区，一方面受制于传统游牧生产方式，大批牧民外出放牧，造成了旅游接待能力不足。另一方面，医疗、警卫等社会服务条件有限，存在人员不足、设备不足、设备落后等问题，应急救援等效率低下。

表 8-3　西藏 2018～2020 年社会发展情况对比

指标	地区	2020 年	2019 年	2018 年
地区生产总值/亿元	全国	1 015 986.2	988 528.9	900 309.5
	西藏	1 902.7	1 697.8	1 477.63
年末人口数/万人	全国	141 212	141 008	140 541
	西藏	366	361	354
就业人员数/万人	全国	75 064	77 471	77 586
	西藏	193		
基础设施投资比上年增长情况/%	全国	0.9	3.8	3.8（不含农户）
	西藏	−6.4	−7.8	6.1（不含农户）

资料来源：《中国统计年鉴 2021》

最后，在管理效率上，目前国家公园群建设过程中的数据存储与分析还处于纸上办公向电子办公的过渡阶段，数据较为碎片化，难以实现统一、高效的管理。

8.4.3　第三极国家公园群的智慧化建设解决方案

智慧化建设能够通过整合来自不同网络、不同结构、不同层面的国家公园建设和管理过程中的相关数据资源，形成数据兼容、资源共享的国家公园大数据资源池，能够有效改变传统的生态管护模式、旅游服务理念和经营模式，提高国家公园的管理运作效率和服务质量。

一方面，智慧化管理能够打破地理条件和自然环境的限制，通过网络化的监控设备和综合化的管理平台，实现低人力和时间成本投入的高效管理；另一方面，智慧化管理能够通过信息集成共享、互动式参与等方式打破时间和空间的限制，克服接待和服务能力不足的障碍，实现智能导览、线上服务和虚拟公园等功能，提升服务水平和游客体验质量。智慧化管理还可以借助庞大的数据体系和智能化的分析技术，挖掘监测数据和游客行为数据背后的价值信息，为进一步优化国家公园管理体制建设、优化当地产业发展结构提供重要的参考依据。

针对青藏高原地区的上述自然条件和社会条件特征及问题，第三极国家公园群建设过程中应聚焦环境保护、生态体验、公共治理及科普教育的建设目标，实现生态监测、生态管理、智能导览、虚拟景区、应急管理等信息化功能设计。整体建设方案如图 8-2 所示。

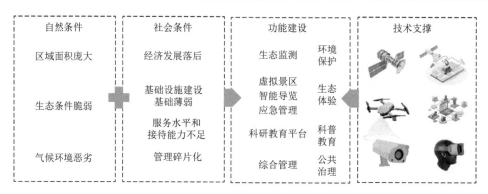

图 8-2　第三极国家公园群智慧化建设框架

1）落实生态监测和生态管理功能建设，坚定不移地实现生态保护的首要目标

鉴于青藏高原国家公园群建设面积庞大、生态环境脆弱性的客观自然条件，以及基础设施建设基础薄弱、人员不足等现实问题，传统的依靠人工实地考察的环境监测和生态管理手段不再具有可行性。一方面，应借助卫星遥感、无人机、物联网等信息技术手段，实现对保护范围内生态资源的分布概览，并在资源摸底的基础上，进行动态监测预警，实时监测保护地的气象、河流、地质、大气等环境数据；另一方面，应加快推进生态环境的信息化管理建设，借助网络平台完成数据的管理、分析、发布和可视化等工作，实现以生态监测数据为基础的智慧化决策，实时调整园区的游客容量、畜牧容量等，通过适时适量的管理干预，确保生态环境高质量恢复。

2）建设虚拟景区和智能导览功能模块，推动落实生态体验和科普教育目标

青藏高原生态环境的脆弱性使得很多景区无法正常向游客开放，广阔的公园范围和有限的旅游接待能力，也让游客在游憩过程中难以及时获得有效的线路和景点指引信息。为了满足游客多样化的游览需求，更好更全面地落实生态体验和科普教育的国家公园建设功能，信息化建设过程中应加快实现虚拟景区和智能导览功能模块建设。一方面可以打破生态保护和生态体验的壁垒，向游客全方面展示青藏高原的自然风貌，借助虚拟现实设备，为游客打造身临其境般的游览体验；另一方面可以借助卫星定位系统，根据游客数量、游览方式等信息为游客推荐最佳的旅游线路，推送附近的食宿、门票、景点解说等服务信息，提升服务效率和游览质量。同时卫星定位技术还可以帮助监控游客的位置及游览轨迹，防止游客偏航，最小化生态环境压力。

3）配套应急管理功能，为国家公园管理和体验过程中的人身安全保驾护航

严峻的气候和地理条件使得青藏高原地区潜伏着巨大的安全和健康隐患，向国家公园群建设过程中的应急管理功能提出了新的要求。目前，多数游客在遇到危险后都会选择拨打 110，再由 110 指挥中心调度事故附近的公安部门和医疗卫

生部门负责救援。但受限于庞大的园区面积和有限的人力物力条件,目前的救援效率相对较低,无法实现高效的精准救援。因此,智能化的应急管理模块的建设十分必要,系统可以通过定位游客遇险位置,向游客推荐附近的救援站、医院、警局和加油站等位置及联系方式,实现快速高效的游客自救。同时,系统在接到求助信息后,会直接将信息反馈至公园管理方,管理者可以此为依据部署相应的救援策略和应急管理策略,并实时监控救援进展。此外,系统还可以将游客的求救信息推送至周边游客,在保障安全的前提下引导其他游客进行互救,构成一个快速响应、多方参与、智能决策的应急管理体系,保障游客安全。除游客群体外,该功能模块在管理者的日常巡护工作以及科研考察过程中也可以起到重要的保障作用。

8.5　本 章 小 结

自 1872 年黄石国家公园落地美国以来,国家公园已经逐渐成为各个国家最主要的自然保护地类型,在生态环境保护和提供全民游憩功能等方面发挥着越来越重要的作用。尽管我国国家公园建设任务起步较晚,但自 2015 年起,各试点区域的试点任务顺利开展,首批国家公园正式成立,第三极国家公园群等新规划不断推出,我国国家公园建设已由试点阶段迈入了快速发展的新征程。

得益于垂直化管理、生态保护第一、国家代表性和全民公益性等特征,国家公园具有先天的生态旅游优势。大量研究也不断证明,国家公园的生态旅游活动不仅有利于个人的身心健康,对推动社会可持续发展也大有裨益。因此,科学开发国家公园的生态旅游功能,化解传统生态旅游产品的多主体风险困境,是我国当前国家公园建设的重点任务。然而,由于我国国家公园的建设经验相对不足、单个国家公园的保护面积较大且所处的地理环境相对苛刻,依靠人工巡护等传统方法来开展相关管理工作面临着成本高且效率低的问题,如何借助数字化和智慧化的手段完善国家公园体制机制是管理部门需要重点考虑的问题。

本章通过调研发现,当前各国家公园在数字化建设方面已初步建成生态监测预警系统,实现了对生态环境的有效监控与预警。但是,从数字化建设的覆盖范围、支撑作用和保障体系来看,仍存在环境教育和游憩体验等功能覆盖不全、数据更新维护不及时、管理效率低下、基础设施保障体系尚不健全、新媒体覆盖面较窄等不足。未来,国家公园应统筹布局大数据中心,加快智慧管理平台的建设步伐,并配套相应的基础设施,最终形成面向管理者、访客、公众与科研工作者、当地商户与农牧户等目标用户的,集成环境保护、生态体验、科普教育、公共治理功能的,适用于国家公园科学化、精准化、可持续性管理的智慧化解决方案。

第9章　总结和展望

　　旅游行业作为规模最大、增长速度最快的经济部门之一，不仅为世界经济发展注入了新的活力，也引起了学者们对其风险问题的广泛讨论。在旅游活动日益普遍的背景下，深入理解旅游活动开展过程中存在的风险困境并积极寻找可行的风险管控方案对于保障各利益相关者利益、促进旅游行业的健康发展意义重大。本书在对相关概念进行界定和对已有文献进行系统性梳理总结的基础上，从旅游活动的三个核心参与者的视角出发，对其在旅游活动参与过程中面临的主要风险困境进行了识别和测度。主要包括对企业主体风险感知的系统性识别和影响作用测度、对目的地主体旅游需求的预测，以及对游客主体动态风险感知过程的刻画。

　　本章将对四个主要研究工作的内容、结论进行总结和梳理，并对未来主要的研究方向进行展望。

9.1　主要研究工作

　　目前的旅游风险研究虽然丰富且多元化，但是仍然存在很多尚未解决和有待优化的细节问题。本书在多源大数据的支撑下主要开展了以下几项研究工作，有针对性地为游客、企业和目的地主体的风险困境提供了新的解决方案，并从实践层面出发，为生态旅游和国家公园建设提供了政策建议。

　　在游客主体层面，针对游客风险感知动态变化过程难以全面识别，且传统的基于调查问卷和访谈的数据收集过程成本较高且容易存在样本偏差的问题，研究工作 1 从风险识别环节出发，将游客旅游前发布的在线问答数据以及旅游后发布的游记文本数据引入研究框架，借助情感分析、主题识别等自然语言处理技术，在最小化收集成本和样本偏差的前提下，对游客旅游前后风险感知的差异性进行了有效刻画，能够为游客风险感知校正以及目的地风险管理和形象宣传策略的制定提供科学指引。

　　在企业主体层面，针对企业风险感知识别难及影响作用测度缺失的研究困境，开展了两方面的研究工作。研究工作 2 聚焦于风险识别环节，针对旅游企业风险感知难以全面识别的研究问题，将年报中的风险披露文本数据引入企业风险感知识别任务中，借助文本挖掘技术以及"困惑度指数＋主题相似度算法＋入侵者实验"的多维主题数优化策略，实现了对企业风险感知类别的系统性识别，及其感知强度、行业差异和时间演化趋势的有效刻画，对全面深入了解旅游企业的风险感知状况具有重要的参考价值。研究工作 3 聚焦于风险测度环节，在企业风险感知识别的基础上，进一步研究了企业的风险感知披露对投资者信心强度和行为决策的影响作用，实现了对不同企业风险感知因素影响作用的测度，并结合研究工作 2 中风险因素的感知频次，对旅游企业的风险感知因素按照感知强度和影响作用进行了归类，对企业落实更加高效的风险管理具有指导意义。

在目的地主体层面，针对目的地旅游市场需求波动风险强烈的客观事实以及传统时序数据低频、滞后、片面的弊端，研究工作 4 从风险监测环节出发，基于游客旅游需求的生成机制，提出了能够有效刻画游客形象感知和信息获取途径的多源网络大数据旅游需求预测框架，实现了对目的地旅游需求的预测，为目的地科学防范和化解需求波动风险提供了新的解决方案。

在管理实践层面，针对生态旅游这一当下热门的旅游产品，从多主体视角出发，分析了当前我国生态旅游面临的主要风险困境。在此基础上，进一步分析了国家公园作为一种新型的自然保护地类别，在破解传统生态旅游困境方面的先天优势，并结合我国国情和国家公园发展阶段，通过案例分析的形式，明确了我国国家公园在智慧化建设方面存在的弊端和未来应重点优化布局的方向。研究成果对促进我国生态旅游行业健康发展以及完善国家公园体制机制建设具有积极作用。

9.2　主要研究结论

基于上述核心研究工作，本书的主要研究结论如下。

（1）问答和游记文本数据能够对游客前往西藏地区旅游前后的风险感知差异进行有效的刻画。借助字典方法和情感分析等文本分析技术，可以得到以下几个主要的研究结论。①游客前往西藏旅游前主要感知的风险类型包括旅游线路选择风险、交通风险、费用风险、装备风险、季节风险、入藏手续风险等。旅游结束后，游客对目的地的费用风险、健康风险、住宿风险以及时间风险的感知频次最高。②健康风险、住宿风险、时间风险、安全风险、基础设施风险以及餐饮购物风险在旅游后的感知重要性明显提升，而交通风险、旅游线路选择风险、装备风险、季节风险、入藏手续风险在旅游后则呈现出明显的弱化趋势。③费用风险和气候风险在旅游前后的感知都很强烈，而传统习俗风险、通信风险、开放风险、旅行社选择风险则属于旅游前后感知都相对较弱的风险类型。

（2）年报风险披露文本数据和本书提出的主题相似度计算方法能够为旅游企

业的风险感知识别提供有效的数据和分析技术支撑。研究基于 255 家上市旅游企业的 2006～2019 年年报中披露的 51 008 个风险标题,成功识别出了旅游企业面临的风险感知因素,并对其行业代表性和时间演化趋势进行了讨论,主要的研究结论如下:①管理法规风险、业务扩张风险和股票波动风险是旅游企业感知最强烈的风险。②从与其他行业的外部对比结果来看,合作伙伴风险、需求波动风险、季节风险、食品安全风险、疫情风险构成了旅游企业最具代表性的风险感知类型。③从内部对比结果来看,合作伙伴风险是酒店、度假村和邮轮行业的代表性风险;高投资风险和灾害风险是休闲设施部门户外活动多、占地面积大的客观反映;供应链风险、诉讼风险、需求波动风险可以体现餐饮行业的特点。④从时间变化趋势来看,旅游企业对大部分风险的感知频率都维持在相对稳定的状态,但近年来由于旅游产品的多样化和旅游活动的日益普及,旅游企业对季节风险的感知频率明显减弱,而数字时代的到来和电子商务的发展使得企业感知到了更加强烈的信息技术风险。

(3)基于(2)中的风险感知识别结果,结合股票市场交易数据和面板回归模型,成功测度了旅游企业的风险感知披露是否以及如何对投资者信心强度产生影响。研究发现,与企业流动性和可持续发展高度相关的风险因素,如业务扩张风险、融资风险、投资风险,以及与市场占有相关的市场风险、合作伙伴风险以及需求波动风险是会对投资者信心带来显著负面影响的关键风险因素。此外,业务扩张风险、市场风险、合作伙伴风险等可以进一步划分为企业感知强烈且对投资者负面影响作用显著的风险类型;而保险风险、信用风险、食品安全风险则属于企业感知较弱却能够对投资者信心产生显著打击的风险因素;管理法规风险、股票波动风险等可以归类于强感知弱影响型风险;利益冲突风险和疫情风险属于弱感知弱影响型风险类别。

(4)基于多源网络大数据的旅游需求预测框架能够显著提高目的地游客量的预测精度。预测结果显示如下。①多源大数据间的信息互补对于提高目的地旅游需求的预测精度具有重要意义,且大数据凭借其较高的更新频率在短期预测中的优势更加明显。②从游客目的地形象感知途径来看,和外在的目的地形象感知相比,内在的自身偏好能够为游客的目的地需求提供更多的信息补充,对提升预测精度具有重要的作用。在外在感知途径中,评论数据的作用相对显著,且来自不同平台的评论数据的预测价值也存在差异,而新闻报道在发布频率较低的情况下,并不能向游客传达足够的目的地信息。③尽管消费者信心指数等宏观经济变量具有低频、滞后的传统弊端,但在目的地旅游需求预测中仍然具有不容忽视的预测价值。此外,将能够有效刻画旅游需求季节性特征的季节变量纳入预测框架,对预测精度提升也会产生积极作用。④基于多种预测模型的性能比较可以发现,在预测步长较短时,ARIMAX 模型的预测性能显示出绝对的优势，而随着预测步长的增加，集成机器学习模型 Adaboost 的预测优势得以显现。

（5）我国目前生态旅游产业发展过程中面临的关键风险如下。①在生态旅游资源开发过程中，存在生态旅游资源过度开发破坏生态系统原真性和完整性的风险。②在生态旅游开展过程中，游客和自然环境间存在旅游需求超载和环保意识低下与严格生态保护目标的冲突；当地社区和自然环境间存在保护与发展的经典矛盾；游客和当地社区间存在着交通堵塞、物价飙升等物质影响以及文化、习俗冲突等非物质冲击。③在生态旅游管理过程中，各级各类政府部门间存在多头管理、权责不清的历史遗留问题，生态旅游定位不清、管理体制也尚不成熟。

（6）从智慧化建设视角来看，当前我国国家公园已初步建成生态监测预警系统，实现了对生态环境的有效监控与预警。但是，从覆盖范围、支撑作用和保障体系来看，仍存在环境教育和游憩体验等功能覆盖不全、数据更新维护不及时、管理效率低下、基础设施保障体系尚不健全、新媒体覆盖面较窄等不足。未来，国家公园应统筹布局大数据中心，加快智慧管理平台的建设步伐，并配套相应的基础设施，并最终形成面向管理者、访客、公众与科研工作者、当地商户与农牧户等目标用户的，集成环境保护、生态体验、科普教育、公共治理功能的，适用于国家公园科学化、精准化、可持续性管理的智慧化解决方案。

9.3 未来研究展望

本书围绕旅游风险识别和测度问题，以多元化的大数据为支撑，实现了对企业风险感知因素识别和影响作用测度、目的地旅游需求波动风险预测以及游客风险感知动态变化过程的刻画，弥补了现有研究的不足，并为未来研究工作的开展奠定了研究基础。未来的研究工作可以围绕以下两个方面展开。

（1）在本书研究工作的基础上，进一步深化和完善对各主体风险问题的研究。①对游客主体来说，未来可以从时间维度出发，进一步对游客旅游前后风险感知及其差异性的时间变化趋势进行刻画。②对企业主体来说，目前的研究在刻画企业风险感知强度时仅使用该风险的披露频率来表征，未来可以考虑加入情感分析，通过测度风险披露文本的语气强度来衡量风险感知的严重程度和紧迫性。③对目的地主体来说，本书第 6 章中提出的旅游需求预测框架仅实现了对预测数据的创新，而在模型选择上仅对比了时间序列模型、计量经济学模型以及人工智能模型的预测效果，未来可以在现有预测框架的基础上，从数据特征和模型特性出发，通过分解集成、组合预测等策略，从算法层面进一步优化目的地旅游需求的预测精度。

　　（2）在考虑主体之间关联性的前提下，开展多主体旅游风险研究。本书针对单个旅游主体的风险问题展开了研究，然而如 2.1 节中描述的那样，各主体除了独立参与旅游活动外，各主体之间还存在着密不可分的关联性，这使得单个主体的风险问题并不会孤立存在，主体间的交互关系搭建了风险沟通和传递的桥梁。因此，未来可以从多主体的视角出发开展旅游风险研究，如将游客对于目的地的风险感知和目的地旅游管理者的风险感知进行对比研究，探究不同主体间风险感知的差异性，可以为目的地旅游风险管理和形象宣传提供更加多元化的参考信息。

参 考 文 献

陈琳琳, 雷尚君. 2021. 后疫情时代休闲旅游业发展新模式探索[J]. 价格理论与实践, (4): 149-152, 171.

陈荣, 梁昌勇, 陆文星, 等. 2014. 基于季节 SVR-PSO 的旅游客流量预测模型研究[J]. 系统工程理论与实践, 34 (5): 1290-1296.

陈荣, 梁昌勇, 陆文星, 等. 2017. 面向旅游突发事件的客流量混合预测方法研究[J]. 中国管理科学, 25 (5): 167-174.

陈永昶, 徐虹, 郭净. 2011. 导游与游客交互质量对游客感知的影响: 以游客感知风险作为中介变量的模型[J]. 旅游学刊, 26 (8): 37-44.

程励, 赵晨月. 2021. 新冠肺炎疫情背景下游客户外景区心理承载力影响研究: 基于可视化行为实验的实证[J]. 旅游学刊, 36 (8): 27-40.

樊杰, 钟林生, 李建平, 等. 2017. 建设第三极国家公园群是西藏落实主体功能区大战略、走绿色发展之路的科学抉择[J]. 中国科学院院刊, 32 (9): 932-944.

郭捷. 2020. 考虑交易安全风险控制投入的在线旅游供应链网络均衡模型[J]. 中国管理科学, 28 (6): 137-145.

郭来喜. 1997. 中国生态旅游: 可持续旅游的基石[J]. 地理科学进展, (4): 1-10.

郭晓亭, 蒲勇健, 林略. 2004. 风险概念及其数量刻画[J]. 数量经济技术经济研究, (2): 111-115.

黄锐, 谢朝武, 张凌云. 2023. 旅游者门票感知价格及影响机制研究: 基于中国 5A 景区网络点评大数据的模糊集定性比较分析[J]. 南开管理评论, 26 (2): 210-219, 232.

黄世忠, 周守华, 叶丰滢, 等. 2021. 重大突发公共卫生事件下的企业财务业绩确认问题研究: 以新冠疫情为背景的折旧问题理论分析[J]. 会计研究, (3): 3-10.

黄先开, 张丽峰, 丁于思. 2013. 百度指数与旅游景区游客量的关系及预测研究: 以北京故宫为例[J]. 旅游学刊, 28 (11): 93-100.

赖胜强, 唐雪梅, 朱敏. 2011. 网络口碑对游客旅游目的地选择的影响研究[J]. 管理评论, 23 (6): 68-75.

雷平, 施祖麟. 2009. 我国国内旅游需求及影响因素研究[J]. 人文地理, 24 (1): 102-105.

李锋. 2008. 基于 Logit 模型的影响旅游者风险感知的要素判别研究: 以四川 "5.12" 地震为例[J]. 旅游论坛, 1 (6): 341-346.

李蕾蕾. 1999. 旅游地形象策划: 理论与实务[M]. 广州: 广东旅游出版社.

李玲, 王婷, 张巍. 2018. 中小企业投资者信心与企业价值关系研究[J]. 财会通讯, (14): 7-10.

李想, 芦惠, 邢伟, 等. 2021. 国家公园语境下生态旅游的概念、定位与实施方案[J]. 生态经济, 37 (6): 117-123.

李晓炫, 吕本富, 曾鹏志, 等. 2017. 基于网络搜索和 CLSI-EMD-BP 的旅游客流量预测研究[J]. 系统工程理论与实践, 37 (1): 106-118.

李艳, 严艳, 负欣. 2014. 赴西藏旅游风险感知研究: 基于风险放大效应理论模型[J]. 地域研究与开发，33（3）：97-101.

梁昌勇，马银超，陈荣，等. 2015. 基于 SVR-ARMA 组合模型的日旅游需求预测[J]. 管理工程学报，29（1）：122-127.

刘建梅，王存峰. 2021. 投资者能解读文本信息语调吗[J]. 南开管理评论，24（5）：105-117.

刘民坤，何华. 2013. 现代旅游业的界定与提升[J]. 管理世界，（8）：177-178.

刘阳，赵振斌. 2021. 居民主体视角下民族旅游社区多群体冲突的空间特征及形成机制：以西江千户苗寨为例[J]. 地理研究，40（7）：2086-2101.

刘逸，孟令坤，保继刚，等. 2021. 人工计算模型与机器学习模型的情感捕捉效度比较研究：以旅游评论数据为例[J]. 南开管理评论，24（5）：63-74.

卢云亭. 1996. 生态旅游与可持续旅游发展[J]. 经济地理，（1）：106-112.

卢云亭. 2001. 生态旅游学[M]. 北京：旅游教育出版社.

卢云亭，王建军. 2004. 生态旅游学[M]. 2 版. 北京：旅游教育出版社.

陆林，任以胜，朱道才，等. 2019. 乡村旅游引导乡村振兴的研究框架与展望[J]. 地理研究，38（1）：102-118.

罗志勇. 2018. 社会转型期我国绿色发展的困境与路径研究[J]. 观察与思考，（2）：65-71.

马超，李纲，陈思菁，等. 2020. 基于多模态数据语义融合的旅游在线评论有用性识别研究[J]. 情报学报，39（2）：199-207.

曲颖，董引引. 2021. "官方投射形象—游客目的地依恋"网络机制对比分析：以海南重游驱动为背景[J]. 南开管理评论，24（5）：73-85.

全千红. 2021. 东北虎豹国家公园生态旅游适宜性研究[D]. 南京：南京林业大学.

任武军，李新. 2018. 基于互联网大数据的旅游需求分析：以北京怀柔为例[J]. 系统工程理论与实践，38（2）：437-443.

阮文奇，张舒宁，李勇泉. 2020. 自然灾害事件下景区风险管理：危机信息流扩散与旅游流响应[J]. 南开管理评论，23（2）：63-74.

申军波，徐彤，陆明明，等. 2020. 疫情冲击下旅游业应对策略与后疫情时期发展趋势[J]. 宏观经济管理，（8）：55-60.

沈银芳，严鑫. 2022. 沪深 300 指数波动率和 VaR 预测研究：基于投资者情绪的 HAR-RV GAS 模型[J]. 浙江大学学报（理学版），49（1）：66-75.

王秉洛. 2012. 我国风景名胜区体系的建立和发展[J]. 中国园林，28（11）：5-10.

王琪延，高旺. 2020. 外部不确定因素对我国旅游企业动态影响研究[J]. 旅游学刊，35（12）：24-37.

王起静. 2005. 旅游产业链的两种模式及未来趋势[J]. 经济管理，（22）：75-80.

王晓蓉，彭丽芳，李歆宇. 2017. 社会化媒体中分享旅游体验的行为研究[J]. 管理评论，29（2）：97-105.

王玉海. 2010. "旅游"概念新探：兼与谢彦君、张凌云两位教授商榷[J]. 旅游学刊，25（12）：12-17.

韦鸣秋，白长虹，张彤. 2021. 旅游目的地精益服务供给中的组织关系演进逻辑：基于重庆、西安、杭州的跨案例比较研究[J]. 管理世界，37（7）：119-129，144，9.

文凤华，肖金利，黄创霞，等. 2014. 投资者情绪特征对股票价格行为的影响研究[J]. 管理科学学报，17（3）：60-69.

吴承照，刘广宁. 2015. 中国建立国家公园的意义[J]. 旅游学刊，30（6）：14-16.

吴荻，刘慧，王恩旭，等. 2021. 基于扎根理论的旅游舆情形成机制研究：心理契约违背视角[J].

管理评论，33（4）：170-179.

肖土盛，宋顺林，李路.2017. 信息披露质量与股价崩盘风险：分析师预测的中介作用[J]. 财经研究，43（2）：110-121.

谢彦君.2004. 基础旅游学（2 版）[M].北京：中国旅游出版社.

谢志刚，周晶.2013. 重新认识风险这个概念[J]. 保险研究，（2）：101-108.

徐菲菲，Fox D. 2015. 英美国家公园体制比较及启示[J]. 旅游学刊，30（6）：5-8.

徐菊凤.2011. 关于旅游学科基本概念的共识性问题[J]. 旅游学刊，26（10）：21-30.

许峰，李帅帅，牛文霞，等.2019. 旅游目的地如何有效管控风险：来自南疆地区的证据[J]. 南开管理评论，22（1）：66-75.

许晖，许守任，王睿智.2013. 消费者旅游感知风险维度识别及差异分析[J]. 旅游学刊，28（12）：71-80.

杨开忠，许峰，权晓红.2001. 生态旅游概念内涵、原则与演进[J]. 人文地理，（4）：6-10.

杨钦钦，谢朝武.2019. 冲突情景下旅游安全感知的作用机制：好客度的前因影响与旅游经验的调节效应[J]. 南开管理评论，22（3）：148-158.

姚延波，贾广美.2021. 社交媒体旅游分享对潜在旅游者冲动性旅游意愿的影响研究：基于临场感视角[J]. 南开管理评论，24（3）：72-82.

姚瑶.2022. 后疫情时代农村旅游智慧化发展方向探讨[J]. 农业经济，（2）：139-140.

叶欣梁，温家洪，丁培毅.2010. 重点旅游地区自然灾害风险管理框架研究[J]. 地域研究与开发，29（5）：68-73，78.

张晨，高峻，丁培毅.2017. 雾霾天气对潜在海外游客来华意愿的影响：基于目的地形象和风险感知理论[J]. 旅游学刊，32（12）：58-67.

张广瑞.1999. 生态旅游的理论与实践[J]. 旅游学刊，（1）：51-55.

张昊楠，秦卫华，周大庆，等.2016. 中国自然保护区生态旅游活动现状[J]. 生态与农村环境学报，32（1）：24-29.

张玲玲，张笑，崔怡雯. 2018. 基于聚类方法的百度搜索指数关键词优化及客流量预测研究[J]. 管理评论，30（8）：126-137.

张璐，秦进.2012. 在线旅游服务供应链风险分析[J]. 中国管理科学，20（S2）：580-585.

张运来，王储.2014. 旅游业上市公司多元化经营能够降低公司风险吗?基于 2004—2012 年 A 股上市公司数据的实证研究[J]. 旅游学刊，29（11）：25-35.

章杰宽.2009. 国内旅游者西藏旅游风险认知研究[J]. 四川师范大学学报（社会科学版），36（6）：111-118.

章杰宽，朱普选.2013. 动态粒子群算法优化灰色神经网络的旅游需求预测模型研究[J]. 管理评论，25（3）：60-66.

钟林生，马向远，曾瑜皙. 2016. 中国生态旅游研究进展与展望[J]. 地理科学进展，35（6）：679-690.

钟林生，王朋薇.2019. 新时代生态文明建设背景下生态旅游研究展望[J]. 旅游导刊，3（1）：9-20.

钟林生，肖笃宁.2000. 生态旅游及其规划与管理研究综述[J]. 生态学报，（5）：841-848.

朱淑珍.2002. 金融创新与金融风险：发展中的两难[M]. 上海：复旦大学出版社.

Adam I. 2015. Backpackers' risk perceptions and risk reduction strategies in Ghana[J]. Tourism Management，49：99-108.

Afzaal M，Usman M，Fong A. 2019. Predictive aspect-based sentiment classification of online tourist reviews[J]. Journal of Information Science，45（3）：341-363.

Alegre J，Mateo S，Pou L. 2013. Tourism participation and expenditure by Spanish households：the effects of the economic crisis and unemployment[J]. Tourism Management，39：37-49.

Andretta M. 2014. Some considerations on the definition of risk based on concepts of systems theory and probability[J]. Risk Analysis，34（7）：1184-1195.

Azzopardi L，Girolami M，van Risjbergen K. 2003. Investigating the relationship between language model perplexity and IR precision-recall measures[C]//Clarke C，Cormack G，Callan J，et al.Proceedings of the 26th annual international ACM SIGIR conference on Research and development in informaion retrieval. New York：Association for Computing Machinery，369-370.

Baker M，Wurgler J. 2007. Investor sentiment in the stock market[J]. Journal of Economic Perspectives，21（2）：129-152.

Bamber L S，Cheon Y S. 1995. Differential price and volume reactions to accounting earnings announcements[J]. The Accounting Review，70（3）：417-441.

Bangwayo-Skeete P F，Skeete R W. 2015. Can Google data improve the forecasting performance of tourist arrivals? Mixed-data sampling approach[J]. Tourism Management，46：454-464.

Bao Y，Datta A. 2014. Simultaneously discovering and quantifying risk types from textual risk disclosures[J]. Management Science，60（6）：1371-1391.

Barker M，Page S J，Meyer D. 2003. Urban visitor perceptions of safety during a special event[J]. Journal of Travel Research，41（4）：355-361.

Barry C B，Brown S J. 1985. Differential information and security market equilibrium[J]. Journal of Financial and Quantitative analysis，20（4）：407-422.

Bauer R A. 1960. Consumer behavior as risk taking[C]//Hancock R S. Proceedings of the 43rd. National Conference of the American Marketing Assocation. Chicago.

Beck U，Lash S，Wynne B. 1992. Risk society：Towards a new modernity[M]. California：SAGE.

Becken S，Hughey K F D. 2013. Linking tourism into emergency management structures to enhance disaster risk reduction[J]. Tourism Management，36：77-85.

Beyer A，Cohen D A，Lys T Z，et al. 2010. The financial reporting environment：review of the recent literature[J]. Journal of Accounting and Economics，50（2/3）：296-343.

Bhojraj S，Lee C M C，Oler D K. 2003. What's my line? A comparison of industry classification schemes for capital market research[J]. Journal of Accounting Research，41（5）：745-774.

Bi J W，Liu Y，Li H. 2020. Daily tourism volume forecasting for tourist attractions[J]. Annals of Tourism Research，83：102923.

Blake A，Sinclair M T. 2003. Tourism crisis management：US response to September 11[J]. Annals of Tourism Research，30（4）：813-832.

Blamey R K. 2001. Principles of ecotourism[M]//Weaver D B. The Encyclopedia of Ecotourism. Wallingford：CABI：5-22.

Blei D M，Lafferty J D. 2007. A correlated topic model of science[J]. Annals of Applied Statistics，1（1）：17-35.

Blei D M，Ng A Y，Jordan M I. 2003. Latent dirichlet allocation[J]. The Journal of Machine Learning

Research，3：993-1022.

Bokelmann B，Lessmann S. 2019. Spurious patterns in Google trends data：an analysis of the effects on tourism demand forecasting in Germany[J]. Tourism Management，75：1-12.

Boksberger P E，Craig-Smith S J. 2006. Customer value amongst tourists：a conceptual framework and a risk-adjusted model[J]. Tourism Review，61（1）：6-12.

Breiman L. 2001. Random forests[J]. Machine Learning，45（1）：5-32.

Brown C B. 2015. Tourism，crime and risk perception：an examination of broadcast media's framing of negative Aruban sentiment in the Natalee Holloway case and its impact on tourism demand[J]. Tourism Management Perspectives，16：266-277.

Brown N C，Crowley R M，Elliott W B. 2020. What are you saying? Using topic to detect financial misreporting[J]. Journal of Accounting Research，58（1），237-291.

Buckley R，Brough P，Hague L，et al. 2019. Economic value of protected areas via visitor mental health[J]. Nature Communications，10：5005.

Buckley R，Zhong L S，Martin S. 2021. Mental health key to tourism infrastructure in China's new megapark[J]. Tourism Management，82：104169.

Budescu D V，Wallsten T S. 1985. Consistency in interpretation of probabilistic phrases[J]. Organizational Behavior and Human Decision Processes，36（3）：391-405.

Butler G，Mathews A. 1983. Cognitive processes in anxiety[J]. Advances in Behaviour Research and Therapy，5（1）：51-62.

Campbell J L，Chen H，Dhaliwal D S，et al. 2014. The information content of mandatory risk factor disclosures in corporate filings[J]. Review of Accounting Studies，19（1）：396-455.

Campbell S. 2005. Determining overall risk[J]. Journal of Risk Research，8（7/8）：569-581.

Campos-Soria J A，Inchausti-Sintes F，Eugenio-Martin J L. 2015. Understanding tourists'economizing strategies during the global economic crisis[J]. Tourism Management，48：164-173.

Cardona O D，van Aalst M K，Birkmann J，et al. 2012. Determinants of risk：exposure and vulnerability[M]// Field C B，Barros V，Stocker T F，et al. Managing the Risks of Extreme Events and Disasters to Advance Climate Change Adaptation. Cambridge：Cambridge University Press.

Chang C，Zeng Y Y. 2011. Impact of terrorism on hospitality stocks and the role of investor sentiment[J]. Cornell Hospitality Quarterly，52（2）：165-175.

Chang J，Boyd-Graber J，Gerrish S，et al. 2009. Reading tea leaves：how humans interpret topic models[J]. Advances in Neural Information Processing Systems，32：288-296.

Chew E Y T，Jahari S A. 2014. Destination image as a mediator between perceived risks and revisit intention：a case of post-disaster Japan[J]. Tourism Management，40：382-393.

Choi H，Varian H. 2012. Predicting the present with google trends[J]. Economic Record，88（s1）：2-9.

Chu F L. 1998. Forecasting tourism demand in asian-pacific countries[J]. Annals of Tourism Research，25（3）：597-615.

Cioccio L，Michael E J. 2007. Hazard or disaster：tourism management for the inevitable in Northeast Victoria[J]. Tourism Management，28（1）：1-11.

Clement M，Frankel R，Miller J. 2003. Confirming management earnings forecasts，earnings uncertainty，and stock returns[J]. Journal of Accounting Research，41（4）：653-679.

Cobbinah P B. 2015. Contextualising the meaning of ecotourism[J]. Tourism Management Perspectives，16：179-189.

Corbet S，O'Connell J F，Efthymiou M，et al. 2019. The impact of terrorism on European tourism[J]. Annals of Tourism Research，75：1-17.

Cortes C，Vapnik V. 1995. Support-vector networks[J]. Machine Learning，20（3）：273-297.

Cox D F，Rich S U. 1964. Perceived risk and consumer decision-making—the case of telephone shopping[J]. Journal of Marketing Research，1（4）：32-39.

Craig C A. 2019. The Weather-Proximity-Cognition（WPC）framework：a camping，weather，and climate change case[J]. Tourism Management，75：340-352.

Cuccia T，Rizzo I. 2011. Tourism seasonality in cultural destinations：empirical evidence from Sicily[J]. Tourism Management，32（3）：589-595.

Cui F N，Liu Y L，Chang Y Y，et al. 2016. An overview of tourism risk perception[J]. Natural Hazards，82（1）：643-658.

Dahles H，Susilowati T P. 2015. Business resilience in times of growth and crisis[J]. Annals of Tourism Research，51：34-50.

DeFranco A，Morosan C. 2017. Coping with the risk of internet connectivity in hotels：perspectives from American consumers traveling internationally[J]. Tourism Management，61：380-393.

del Mar Alonso-Almeida M，Bremser K. 2013. Strategic responses of the Spanish hospitality sector to the financial crisis[J]. International Journal of Hospitality Management，32：141-148.

Demir E，Ersan O. 2018. The impact of economic policy uncertainty on stock returns of Turkish tourism companies[J]. Current Issues in Tourism，21（8）：847-855.

Deng T T，Li X，Ma M L. 2017. Evaluating impact of air pollution on China's inbound tourism industry：a spatial econometric approach[J]. Asia Pacific Journal of Tourism Research，22（7）：771-780.

Dergiades T，Mavragani E，Pan B. 2018. Google trends and tourists'arrivals：emerging biases and proposed corrections[J]. Tourism Management，66：108-120.

Dickinson J E，Peeters P. 2014. Time，tourism consumption and sustainable development[J]. International Journal of Tourism Research，16（1）：11-21.

Dickson T J，Huyton J. 2008. Customer service，employee welfare and snowsports tourism in Australia[J]. International Journal of Contemporary Hospitality Management，20（2）：199-214.

Dickson T，Dolnicar S. 2004. No risk，no fun：the role of perceived risk in adventure tourism[C]// Dickson T，Dolnicar S.CD Proceedings of the 13th International Research Conference of the Council for Australian University Tourism and Hospitality Education（CAUTHE）. Wollongong.

Dionne G，Fluet C，Desjardins，D. 2007. Predicted risk perception and risk-taking behavior：the case of impaired driving[J]. Journal of Risk and Uncertainty，35（3）：237-264.

Divino J A，McAleer M. 2010. Modelling and forecasting daily international mass tourism to Peru[J]. Tourism Management，31（6）：846-854.

Donohoe H M，Needham R D. 2006. Ecotourism：the evolving contemporary definition [J]. Journal of Ecotourism，5（3）：192-210.

Donohoe H，Pennington-Gray L，Omodior O. 2015. Lyme disease：current issues，implications， and recommendations for tourism management[J]. Tourism Management，46：408-418.

Dowling G R，Staelin R. 1994. A model of perceived risk and intended risk-handling activity[J]. Journal of Consumer Research，21（1）：119-134.

Duan H B，Wang S Y，Yang C H. 2020. Coronavirus: limit short-term economic damage[J]. Nature，578（7796）：515-516.

Dyer T，Lang M，Stice-Lawrence L. 2017. The evolution of 10-K textual disclosure: evidence from Latent Dirichlet Allocation[J]. Journal of Accounting and Economics，64（2/3）：221-245.

Eagles P F J，McCool S F，Haynes C D，et al. 2002. Sustainable Tourism in Protected Areas: Guidelines for Planning and Management[M]. Gland: IUCN.

Eugenio-Martin J L，Campos-Soria J A. 2014. Economic crisis and tourism expenditure cutback decision[J]. Annals of Tourism Research，44：53-73.

Evans N，Campbell D，Stonehouse G. 2003. Strategic management for travel and tourism[M]. Oxford: Taylor & Francis.

Faulkner B. 2001. Towards a framework for tourism disaster management[J]. Tourism Management，22（2）：135-147.

Feng Y Y，Li G W，Li J P，et al. 2021. Community stewardship of China's national parks[J]. Science，374（6565）：268-269.

Feng Y Y，Li j P，Sun X L，et al. 2023. Do companies'risk perceptions affect investor confidence? Evidence from textual risk disclosure in the tourism industry[J]. Tourism Management Perspectives，49：101189.

Fischhoff B，Lichtenstein S，Slovic P，et al. 1984. Acceptable risk[M]. Cambridge: Cambridge University Press.

Fischhoff B. 1995. Risk perception and communication unplugged: twenty years of process[J]. Risk Analysis，15（2）：137-145.

Fuchs G，Reichel A. 2006. Tourist destination risk perception: the case of Israel[J]. Journal of Hospitality & Leisure Marketing，14（2）：83-108.

Fuchs G，Reichel A. 2011. An exploratory inquiry into destination risk perceptions and risk reduction strategies of first time vs repeat visitors to a highly volatile destination[J]. Tourism Management，32（2）：266-276.

Fuchs G，Uriely N，Reichel A，et al. 2013. Vacationing in a terror-stricken destination: tourists'risk perceptions and rationalizations[J]. Journal of Travel Research，52（2）：182-191.

García-Gómez C D，Demir E，Chen M H，et al. 2022. Understanding the effects of economic policy uncertainty on US tourism firms'performance[J]. Tourism Economics，28（5）：1174-1192.

Garfinkel J A. 2009. Measuring investors'opinion divergence[J]. Journal of Accounting Research，47（5）：1317-1348.

Gartner W C. 1994. Image formation process[J]. Journal of Travel & Tourism Marketing，2（2/3）：191-216.

Gautam V. 2012. An empirical investigation of consumers'preferences about tourism services in Indian context with special reference to state of Himachal Pradesh[J]. Tourism Management，33（6）：1591-1592.

George R. 2003. Tourist's perceptions of safety and security while visiting Cape Town[J]. Tourism

Management，24（5）：575-585.

Gitelson R J, Crompton J L. 1983. The planning horizons and sources of information used by pleasure vacationers[J]. Journal of Travel Research，21（3）：2-7.

Glaesser D. 2004. Crisis management in the tourism industry[M]. New York：Routledge.

Goh C, Law R. 2011. The methodological progress of tourism demand forecasting：a review of related literature[J]. Journal of Travel & Tourism Marketing，28（3）：296-317.

Greenidge K. 2001. Forecasting tourism demand：an STM approach[J]. Annals of Tourism Research，28（1）：98-112.

Griffiths T L, Steyvers M. 2004. Finding scientific topics[J]. Proceedings of the National Academy of Sciences，101（suppl 1）：5228-5235.

Grimmer J, Stewart B M. 2013. Text as data：the promise and pitfalls of automatic content analysis methods for political texts[J]. Political Analysis，21（3）：267-297.

Gunter U, Önder I. 2016. Forecasting city arrivals with Google Analytics[J]. Annals of Tourism Research，61：199-212.

Guo X L, Ling L Y, Dong Y F, et al. 2013. Cooperation contract in tourism supply chains：the optimal pricing strategy of hotels for cooperative third party strategic websites[J]. Annals of Tourism Research，41：20-41.

Haddock C. 1993. Managing risks in outdoor activities[M]. Wellington：New Zealand Mountain Safety Council.

Haimes Y Y. 2009. On the complex definition of risk：a systems-based approach[J]. Risk Analysis，29（12）：1647-1654.

Haldrup M. 2004. Laid-back mobilities：second-home holidays in time and space[J]. Tourism Geographies，6（4）：434-454.

He S Y, Su Y, Wang L, et al. 2018. Taking an ecosystem services approach for a new national park system in China[J]. Resources，Conservation and Recycling，137：136-144.

Helweg-Larsen M, Shepperd J A. 2001. Do moderators of the optimistic bias affect personal or target risk estimates? A review of the literature[J]. Personality and Social Psychology Review，5（1）：74-95.

Hetzer W. 1965. Environment，Tourism and Culture[M]. Washington D.C.：Island Press.

Hoberg G, Lewis C. 2017. Do fraudulent firms produce abnormal disclosure?[J]. Journal of Corporate Finance，43：58-85.

Honey M. 1999. Ecotourism and Sustainable Development：Who Owns Paradise?[M]. Washington D.C.：Island Press，1999.

Hope O K, Hu D Q, Lu H, 2016. The benefits of specific risk-factor disclosures[J]. Review of Accounting Studies，21（4）：1005-1045.

Hsu L T J, Jang S C S. 2008. Advertising expenditure，intangible value and risk：a study of restaurant companies[J]. International Journal of Hospitality Management，27（2）：259-267.

Huang J H, Chuang S T, Lin Y R. 2008. Folk religion and tourist intention avoiding tsunami-affected destinations[J]. Annals of Tourism Research，35（4）：1074-1078.

Huang K W, Li Z L. 2011. A multilabel text classification algorithm for labeling risk factors in SEC form 10-K[J]. ACM Transactions on Management Information Systems，2（3）：1-19.

Huang X，Zhang L，Ding Y. 2017. The Baidu Index：uses in predicting tourism flows-a case study of the Forbidden City[J]. Tourism Management，58：301-306.

International Organization for Standardization. 2018. ISO 31000：2018 Risk Management：Guidelines[EB/OL]. https://www.iso.org/standard/65694.html [2023-10-14].

Jang S，Cai L A. 2002. Travel motivations and destination choice：a study of British outbound market[J]. Journal of Travel & Tourism Marketing，13（3）：111-133.

Jang S，Feng R M. 2007. Temporal destination revisit intention：the effects of novelty seeking and satisfaction[J]. Tourism Management，28（2）：580-590.

Jansen T，Claassen L，van Kamp I，et al. 2019. Understanding of the concept of 'uncertain risk'. A qualitative study among different societal groups[J]. Journal of Risk Research，22（5）：658-672.

Jin X，Qu M Y，Bao J G. 2019. Impact of crisis events on Chinese outbound tourist flow：a framework for post-events growth[J]. Tourism Management，74：334-344.

Johnston M A. 2015. The sum of all fears：Stakeholder responses to sponsorship alliance risk[J]. Tourism Management Perspectives，15：91-104.

Kang K H，Lee S，Choi K，et al. 2012. Geographical diversification，risk and firm performance of US casinos[J]. Tourism Geographies，14（1）：117-146.

Kaplan S，Garrick B J. 1981. On the quantitative definition of risk[J]. Risk Analysis，1（1）：11-27.

Kapuściński G，Richards B. 2016. News framing effects on destination risk perception[J]. Tourism Management，57：234-244.

Karl M. 2018. Risk and uncertainty in travel decision-making：tourist and destination perspective[J]. Journal of Travel Research，57（1）：129-146.

Kasperson R E，Renn O，Slovic P，et al. 1988. The social amplification of risk：a conceptual framework[J]. Risk Analysis，8（2）：177-187.

Kim H，Kim J，Gu Z. 2012. An examination of US hotel firms'risk features and their determinants of systematic risk[J]. International Journal of Tourism Research，14（1）：28-39.

Kim O，Verrecchia R E. 1991. Trading volume and price reactions to public announcements[J]. Journal of Accounting Research，29（2）：302-321.

Kim O，Verrecchia R E. 1994. Market liquidity and volume around earnings announcements[J]. Journal of Accounting and Economics，17（1/2）：41-67.

Kim T，Kim W G，Kim H B. 2009. The effects of perceived justice on recovery satisfaction，trust，word-of-mouth，and revisit intention in upscale hotels[J]. Tourism Management，30（1）：51-62.

Kim W，Jun H M，Walker M，et al. 2015. Evaluating the perceived social impacts of hosting large-scale sport tourism events：scale development and validation[J]. Tourism Management，48：21-32.

Kim Y H，Kim M C，O'Neill J W. 2013. Advertising and firm risk：a study of the restaurant industry[J]. Journal of Travel & Tourism Marketing，30（5）：455-470.

Knight F H. 1921. Risk，uncertainty and profit[M]. Boston：Houghton Mifflin Company.

Kock F，Nørfelt A，Josiassen A，et al. 2020. Understanding the COVID-19 tourist psyche：the evolutionary tourism paradigm[J]. Annals of Tourism Research，85：103053.

Kozak M，Crotts J C，Law R. 2007. The impact of the perception of risk on international travellers[J]. International Journal of Tourism Research，9（4）：233-242.

Kravet T，Muslu V. 2013. Textual risk disclosures and investors'risk perceptions[J]. Review of Accounting Studies，18（4）：1088-1122.

Kusumi T，Hirayama R，Kashima Y. 2017. Risk perception and risk talk：the case of the Fukushima Daiichi nuclear radiation risk[J]. Risk Analysis，37（12）：2305-2320.

Kwon J，Lee H. 2020. Why travel prolongs happiness：longitudinal analysis using a latent growth model[J]. Tourism Management，76：103944.

Lancaster K J. 1966. A new approach to consumer theory[J]. Journal of Political Economy，74（2）：132-157.

Law R. 2006. Internet and tourism—part XXI [J]. Journal of Travel & Tourism Marketing，20（1）：75-77.

Law R，Li G，Fong D K C，et al. 2019. Tourism demand forecasting：a deep learning approach[J]. Annals of Tourism Research，75：410-423.

Lee B K，Lee W N. 2004. The effect of information overload on consumer choice quality in an on-line environment[J]. Psychology and Marketing，21（3）：159-183.

Lee S K，Jang S. 2011. Foreign exchange exposure of US tourism-related firms[J]. Tourism Management，32（4）：934-948.

Lehavy R，Li F，Merkley K. 2011. The effect of annual report readability on analyst following and the properties of their earnings forecasts[J]. The Accounting Review，86（3）：1087-1115.

Leiper N. 1979. The framework of tourism：Towards a definition of tourism，tourist，and the tourist industry[J]. Annals of Tourism Research，6（4）：390-407.

Lepp A，Gibson H，Lane C. 2011. Image and perceived risk：a study of Uganda and its official tourism website[J]. Tourism Management，32（3）：675-684.

Li F. 2006. Do stock market investors understand the risk sentiment of corporate annual reports?[D]. Working Paper.

Li F. 2008. Annual report readability，current earnings，and earnings persistence[J]. Journal of Accounting and Economics，45（2/3）：221-247.

Li F. 2010. The information content of forward-looking statements in corporate filings-a Naïve Bayesian machine learning approach[J]. Journal of Accounting Research，48（5）：1049-1102.

Li H Y，Hu M M，Li G. 2020a. Forecasting tourism demand with multisource big data[J]. Annals of Tourism Research，83：102912.

Li H，Li J，Chang P C，et al. 2013. Parametric prediction on default risk of Chinese listed tourism companies by using random oversampling，isomap，and locally linear embeddings on imbalanced samples[J]. International Journal of Hospitality Management，35：141-151.

Li J P，Feng Y Y，Li G W，et al. 2020b. Tourism companies'risk exposures on text disclosure[J]. Annals of Tourism Research，84：102986.

Li J P，Li G W，Liu M X，et al. 2022. A novel text-based framework for forecasting agricultural futures using massive online news headlines[J]. International Journal of Forecasting，38（1）：35-50.

Li S W，Chen T，Wang L，et al. 2018. Effective tourist volume forecasting supported by PCA and improved BPNN using Baidu index[J]. Tourism Management，68：116-126.

Li X，Law R，Xie G，et al. 2021. Review of tourism forecasting research with Internet data[J].

Tourism Management，83：104245.

Li X，Pan B，Law R，et al. 2017. Forecasting tourism demand with composite search index[J]. Tourism Management，59：57-66.

Liesch P，Welch L，Welch D，et al. 2002. Evolving strands of research on firm internationalization：an Australian-Nordic perspective[J]. International Studies of Management and Organization，32（1）：16-35.

Lin V S S，Song H Y. 2015. A review of Delphi forecasting research in tourism[J]. Current Issues in Tourism，18（12）：1099-1131.

Liu A Y，Pratt S. 2017. Tourism's vulnerability and resilience to terrorism[J]. Tourism Management，60：404-417.

Liu P X，Zhang H L，Zhang J，et al. 2019. Spatial-temporal response patterns of tourist flow under impulse pre-trip information search：from online to arrival[J]. Tourism Management，73：105-114.

Lo K，Ramos F，Rogo R. 2017. Earnings management and annual report readability[J]. Journal of Accounting and Economics，63（1）：1-25.

Lowrance W W. 1976. Of acceptable risk：science and the determination of safety[J]. Los Altos：William Kaufmann，Inc.

Lyle M R，Riedl E J，Siano F. 2023. Changes in risk factor disclosures and the variance risk premium[J]. The Accounting Review，98（6）：1-26.

Ma C Q，Mi X H，Cai Z W. 2020. Nonlinear and time-varying risk premia[J]. China Economic Review，62：101467.

Ma Z L，Zhao W Q，Liu M，et al. 2018. Responses of soil respiration and its components to experimental warming in an alpine scrub ecosystem on the eastern Qinghai-Tibet Plateau[J]. Science of the Total Environment，643：1427-1435.

Mansfeld Y，Jonas A，Cahaner L. 2016. Between tourists'faith and perceptions of travel risk：an exploratory study of the Israeli Haredi community[J]. Journal of Travel Research，55（3）：395-413.

Mansfeld Y，Pizam A. 2006. Tourism，security and safety[M]. Oxford：Butterworth-Heinemann.

Matta G. 2020. Science communication as a preventative tool in the COVID19 pandemic[J]. Humanities and Social Sciences Communications，7（1）：1-14.

Mei Q Z，Shen X H，Zhai C X. 2007. Automatic labeling of multinomial topic models[R]. Proceedings of the 13th ACM SIGKDD International Conference on Knowledge Discovery and Data Mining: 490-499.

Miller B P. 2010. The effects of reporting complexity on small and large investor trading[J]. The Accounting Review，85（6）：2107-2143.

Mitchell V W. 1999. Consumer perceived risk：conceptualisations and models[J]. European Journal of Marketing，33（1/2）：163-195.

Morck R，Yeung B，Yu W. 2000. The information content of stock markets：why do emerging markets have synchronous stock price movements?[J]. Journal of Financial Economics，58（1/2）：215-260.

Myers S C，Majluf N S. 1984. Corporate financing and investment decisions when firms have information that investors do not have[J]. Journal of Financial Economics，13（2）：187-221.

Nelson K K，Pritchard A C. 2016. Carrot or stick? The shift from voluntary to mandatory disclosure of risk factors[J]. Journal of Empirical Legal Studies，13（2）：266-297.

O'Brien A. 2012. Wasting a good crisis: developmental failure and Irish tourism since 2008[J]. Annals of Tourism Research，39（2）：1138-1155.

Okrent D. 1980. Comment on societal risk[J]. Science，208（4442）：372-375.

Olya H G T，Al-Ansi A. 2018. Risk assessment of halal products and services: Implication for tourism industry[J]. Tourism Management，65：279-291.

Önder I，Gunter U，Gindl S. 2020. Utilizing facebook statistics in tourism demand modeling and destination marketing[J]. Journal of Travel Research，59（2）：195-208.

Önder I. 2017. Forecasting tourism demand with Google trends: accuracy comparison of countries versus cities[J]. International Journal of Tourism Research，19（6）：648-660.

O'Riordan T，Stoll-Kleemann S. 2002. Biodiversity，sustainability and human communities: protecting beyond the protected[M]. Cambridge：Cambridge University Press.

Oroian M，Gheres M. 2012. Developing a risk management model in travel agencies activity: an empirical analysis[J]. Tourism Management，33（6）：1598-1603.

Paek H J，Hove T. 2017. Risk perceptions and risk characteristics[M]//Giles H，Harwood J. Oxford Research Encyclopedia of Communication. Oxford：Oxford University Press.

Pan B，Yang Y. 2017. Forecasting destination weekly hotel occupancy with big data[J]. Journal of Travel Research，56（7）：957-970.

Paraskevas A，Arendell B. 2007. A strategic framework for terrorism prevention and mitigation in tourism destinations[J]. Tourism Management，28（6）：1560-1573.

Paraskevas A，Quek M. 2019. When Castro seized the Hilton: risk and crisis management lessons from the past[J]. Tourism Management，70：419-429.

Park J Y，Jang S C. 2014. Sunk costs and travel cancellation: focusing on temporal cost[J]. Tourism Management，40：425-435.

Park S，Song S J，Lee S. 2017a. Corporate social responsibility and systematic risk of restaurant firms: the moderating role of geographical diversification[J]. Tourism Management，59：610-620.

Park S，Song S J，Lee S. 2017b. How do investments in human resource management practices affect firm-specific risk in the restaurant industry?[J]. Cornell Hospitality Quarterly，58（4）：374-386.

Park S，Tussyadiah I P. 2017. Multidimensional facets of perceived risk in mobile travel booking[J]. Journal of Travel Research，56（7）：854-867.

Pegg S，Patterson I，Gariddo P V. 2012. The impact of seasonality on tourism and hospitality operations in the alpine region of New South Wales，Australia[J]. International Journal of Hospitality Management，31（3）：659-666.

Penela D，Serrasqueiro R M. 2019. Identification of risk factors in the hospitality industry: evidence from risk factor disclosure[J]. Tourism Management Perspectives，32：100578.

Peng B，Song H Y，Crouch G I. 2014. A meta-analysis of international tourism demand forecasting and implications for practice[J]. Tourism Management，45：181-193.

Perpiña L，Camprubí R，Prats L. 2019. Destination image versus risk perception[J]. Journal of Hospitality & Tourism Research，43（1）：3-19.

Plog S C. 1974. Why destination areas rise and fall in popularity[J]. Cornell Hotel and Restaurant

Administration Quarterly，14（4）：55-58.

Poirier R A. 1997. Political risk analysis and tourism[J]. Annals of Tourism Research，24（3）：675-686.

Puhakka R，Pitkänen K，Siikamäki P. 2017. The health and well-being impacts of protected areas in Finland[J]. Journal of Sustainable Tourism，25（12）：1830-1847.

Reinius S W，Fredman P. 2007. Protected areas as attractions[J]. Annals of Tourism Research，34（4）：839-854.

Reisinger Y，Mavondo F. 2005. Travel anxiety and intentions to travel internationally：implications of travel risk perception[J]. Journal of Travel Research，43（3）：212-225.

Renn O，Burns W J，Kasperson J X，et al. 1992. The social amplification of risk：theoretical foundations and empirical applications[J]. Journal of Social Issues，48（4）：137-160.

Ridderstaat J，Oduber M，Croes R，et al. 2014. Impacts of seasonal patterns of climate on recurrent fluctuations in tourism demand：evidence from Aruba[J]. Tourism Management，41：245-256.

Ritchie B W，Jiang Y W. 2019. A review of research on tourism risk，crisis and disaster management：launching the annals of tourism research curated collection on tourism risk，crisis and disaster management[J]. Annals of Tourism Research，79：102812.

Rittichainuwat B N，Chakraborty G. 2009. Perceived travel risks regarding terrorism and disease：the case of Thailand[J]. Tourism Management，30（3）：410-418.

Rittichainuwat B，Nelson R，Rahmafitria F. 2018. Applying the perceived probability of risk and bias toward optimism：implications for travel decisions in the face of natural disasters[J]. Tourism Management，66：221-232.

Rivera R. 2016. A dynamic linear model to forecast hotel registrations in Puerto Rico using Google Trends data[J]. Tourism Management，57：12-20.

Roehl W S，Fesenmaier D R. 1992. Risk perceptions and pleasure travel：an exploratory analysis[J]. Journal of Travel Research，30（4）：17-26.

Rogers G O. 1997. The dynamics of risk perception：how does perceived risk respond to risk events?[J]. Risk Analysis，17（6）：745-757.

Ross S，Wall G. 1999. Ecotourism：towards congruence between theory and practice[J]. Tourism Management，20（1）：123-132.

Rosselló J，Becken S，Santana-Gallego M. 2020. The effects of natural disasters on international tourism：a global analysis[J]. Tourism Management，79：104080.

Ruhanen L，Shakeela A. 2013. Responding to climate change：Australian tourism industry perspectives on current challenges and future directions[J]. Asia Pacific Journal of Tourism Research，18（1/2）：35-51.

Rundmo T. 2002. Associations between affect and risk perception[J]. Journal of Risk Research，5（2）：119-135.

Saha S，Yap G. 2014. The moderation effects of political instability and terrorism on tourism development：a cross-country panel analysis[J]. Journal of Travel Research，53（4）：509-521.

Schmälzle R，Renner B，Schupp H T. 2017. Health risk perception and risk communication[J]. Policy Insights from the Behavioral and Brain Sciences，4（2）：163-169.

Schrand C M，Elliott J A. 1998. Risk and financial reporting：a summary of the discussion at the 1997

AAA/FASB conference[J]. Accounting Horizons，12（3）：271-282.

Schroeder A，Pennington-Gray L，Kaplanidou K，et al. 2013. Destination risk perceptions among U.S. residents for London as the host city of the 2012 Summer Olympic Games[J]. Tourism Management，38：107-119.

Schwartz Z，Chen C C. 2012. Hedonic motivations and the effectiveness of risk perceptions–oriented revenue management policies[J]. Journal of Hospitality & Tourism Research，36（2）：232-250.

Seabra C，Reis P，Abrantes J L. 2020. The influence of terrorism in tourism arrivals：a longitudinal approach in a Mediterranean country[J]. Annals of Tourism Research，80：102811.

Securities and Exchange Commission. 2005. Secutities offering reform[EB/OL]. http://www.sec.gov/rules/final/33- 8591.pdf [2022-03-27].

Seo H. 2021. Peer effects in corporate disclosure decisions[J]. Journal of Accounting and Economics，71（1）：101364.

Shahrabi J，Hadavandi E，Asadi S. 2013. Developing a hybrid intelligent model for forecasting problems：case study of tourism demand time series[J]. Knowledge-Based Systems，43：112-122.

Shalen C T. 1993. Volume，volatility，and the dispersion of beliefs[J]. The Review of Financial Studies，6（2）：405-434.

Shaw G K. 2010. A risk management model for the tourism industry in South African[D]. Pochestrom：North-West University.

Sheng-Hshiung T，Gwo-Hshiung T，Kuo-Ching W. 1997. Evaluating tourist risks from fuzzy perspectives[J]. Annals of Tourism Research，24（4）：796-812.

Simpson P M，Siguaw J A. 2008. Perceived travel risks：The traveller perspective and manageability[J]. International Journal of Tourism Research，10（4）：315-327.

Sjöberg L. 1998. Worry and risk perception[J]. Risk Analysis，18（1）：85-93.

Slovic P，Fischhoff B，Lichtenstein S. 1982. Why study risk perception?[J]. Risk Analysis，2（2）：83-93.

Slovic P. 1987. Perception of risk[J]. Science，236（4799）：280-285.

Song H，Gao B Z，Lin V S. 2013. Combining statistical and judgmental forecasts via a web-based tourism demand forecasting system[J]. International Journal of Forecasting，29（2）：295-310.

Song H Y，Lin S，Witt S F，et al. 2011. Impact of financial/economic crisis on demand for hotel rooms in Hong Kong[J]. Tourism Management，32（1）：172-186.

Song H Y，Qiu R T R，Park J. 2019. A review of research on tourism demand forecasting：launching the Annals of Tourism Research Curated Collection on tourism demand forecasting[J]. Annals of Tourism Research，75：338-362.

Song H Y，Witt S F，Jensen T C. 2003. Tourism forecasting：accuracy of alternative econometric models[J]. International Journal of Forecasting，19（1）：123-141.

Sönmez S F，Graefe A R. 1998. Influence of terrorism risk on foreign tourism decisions[J]. Annals of Tourism Research，25（1）：112-144.

Sun S L，Wei Y J，Tsui K L，et al. 2019. Forecasting tourist arrivals with machine learning and Internet search index[J]. Tourism Management，70：1-10.

Tardivo S，Zenere A，Moretti F，et al. 2020. The Traveller's Risk Perception（TRiP）questionnaire：pre-travel assessment and post-travel changes[J]. International Health，12（2）：116-124.

Tasci A D A，Gartner W C. 2007. Destination image and its functional relationships[J]. Journal of Travel Research，45（4）：413-425.

Taylor-Gooby P，Zinn J. 2006. Risk in social science[M]. Oxford：Oxford University Press.

Thomas W I，Thomas D S. 1928. The child in America：Behavior problems and programs[M]. New York：Knopf.

Toimil A，Díaz-Simal P，Losada I J，et al. 2018. Estimating the risk of loss of beach recreation value under climate change[J]. Tourism Management，68：387-400.

Tversky A，Kahneman D. 1974. Judgment under uncertainty：heuristics and biases：biases in judgments reveal some heuristics of thinking under uncertainty[J]. Science，185（4157）：1124-1131.

Um S，Crompton J L. 1990. Attitude determinants in tourism destination choice[J]. Annals of Tourism Research，17（3）：432-448.

UNWTO. 2021. How COVID-19 is changing the world：a statistical perspective-Volume Ⅲ[EB/OL]. https://unstats.un.org/unsd/ccsa/documents/covid19-report-ccsa_vol3.pdf [2023-09-25].

Wachyuni S S，Kusumaningrum D A. 2020. The effect of COVID-19 pandemic：how are the future tourist behavior?[J]. Journal of Education，Society and Behavioural Science，33（4）：67-76.

Wallace G N，Pierce S M. 1996. An evaluation of ecotourism in Amazonas，Brazil[J]. Annals of Tourism Research，23（4）：843-873.

Walters G，Shipway R，Miles L，et al. 2017. Fandom and risk perceptions of Olympic tourists[J]. Annals of Tourism Research，66（C）：210-212.

Wamba S F，Akter S，Edwards A，et al. 2015. How 'big data' can make big impact：findings from a systematic review and a longitudinal case study[J]. International Journal of Production Economics，165：234-246.

Wearing S，Neil J. 1999. Ecotourism：Impacts，potentials and possibilities[M]. Oxford：Butter Worth Heinemann，48-136.

Wei L，Li G W，Zhu X Q，et al. 2019a. Developing a hierarchical system for energy corporate risk factors based on textual risk disclosures[J]. Energy Economics，80：452-460.

Wei L，Li G W，Zhu X Q，et al. 2019b. Discovering bank risk factors from financial statements based on a new semi-supervised text mining algorithm[J]. Accounting & Finance，59（3）：1519-1552.

Weinstein N D. 1989. Effects of personal experience on self-protective behavior[J]. Psychological Bulletin，105（1）：31-50.

Wight P A. 2002. Supporting the principles of sustainable development in tourism and ecotourism：government's potential role[J]. Current Issues in Tourism，5（3/4）：222-244.

Williams A M，Baláž V. 2015. Tourism risk and uncertainty：theoretical reflections[J]. Journal of Travel Research，54（3）：271-287.

Willis H H. 2007. Guiding resource allocations based on terrorism risk[J]. Risk Analysis：an International Journal，27（3）：597-606.

Wilson T D，Centerbar D B，Kermer D A，et al. 2005. The pleasures of uncertainty：prolonging positive moods in ways people do not anticipate[J]. Journal of Personality and Social Psychology，88（1）：5-21.

Witt S F，Martin C A. 1987. Econometric models for forecasting international tourism demand[J].

Journal of Travel Research, 25 (3): 23-30.

Witt S F, Witt C A. 1995. Forecasting tourism demand: a review of empirical research[J]. International Journal of Forecasting, 11 (3): 447-475.

Witte K, Allen M. 2000. A meta-analysis of fear appeals: implications for effective public health campaigns[J]. Health Education & Behavior, 27 (5): 591-615.

Wolf I D, Stricker H K, Hagenloh G. 2015. Outcome-focussed national park experience management: transforming participants, promoting social well-being, and fostering place attachment[J]. Journal of Sustainable Tourism, 23 (3): 358-381.

Wolff K, Larsen S. 2014. Can terrorism make us feel safer? Risk perceptions and worries before and after the July 22nd attacks[J]. Annals of Tourism Research, 44: 200-209.

Wolff K, Larsen S, Øgaard T. 2019. How to define and measure risk perceptions[J]. Annals of Tourism Research, 79: 102759.

Wong J Y, Yeh C. 2009. Tourist hesitation in destination decision making[J]. Annals of Tourism Research, 36 (1): 6-23.

Woodside A G, Lysonski S. 1989. A general model of traveler destination choice[J]. Journal of Travel Research, 27 (4): 8-14.

Xie C W, Huang Q, Lin Z B, et al. 2020a. Destination risk perception, image and satisfaction: the moderating effects of public opinion climate of risk[J]. Journal of Hospitality and Tourism Management, 44: 122-130.

Xie G, Qian Y T, Wang S Y. 2020b. A decomposition-ensemble approach for tourism forecasting[J]. Annals of Tourism Research, 81: 102891.

Xie G, Qian Y T, Wang S Y. 2021. Forecasting Chinese cruise tourism demand with big data: an optimized machine learning approach[J]. Tourism Management, 82: 104208.

Yang E C L, Khoo-Lattimore C, Arcodia C. 2017. A systematic literature review of risk and gender research in tourism[J]. Tourism Management, 58: 89-100.

Yang E C L, Nair V. 2014. Tourism at risk: a review of risk and perceived risk in tourism[J]. Asia-Pacific Journal of Innovation in Hospitality and Tourism, 3 (2): 239-259.

Yang E C L, Sharif S P, Khoo-Lattimore C. 2015a. Tourists'risk perception of risky destinations: the case of Sabah's eastern coast[J]. Tourism and Hospitality Research, 15 (3): 206-221.

Yang X, Pan B, Evans J A, et al. 2015b. Forecasting Chinese tourist volume with search engine data[J]. Tourism Management, 46: 386-397.

Yang Y, Hopping K A, Wang G X, et al. 2018. Permafrost and drought regulate vulnerability of Tibetan Plateau grasslands to warming[J]. Ecosphere, 9 (5): e02233.

Yang Y, Pan B, Song H. 2014. Predicting hotel demand using destination marketing organization's web traffic data[J]. Journal of Travel Research, 53 (4): 433-447.

You H F, Zhang X J. 2009. Financial reporting complexity and investor underreaction to 10-K information[J]. Review of Accounting Studies, 14 (4): 559-586.

Yu L A, Dai W, Tang L, et al. 2016. A hybrid grid-GA-based LSSVR learning paradigm for crude oil price forecasting[J]. Neural Computing and Applications, 27 (8): 2193-2215.

Yüksel A, Yüksel F. 2007. Shopping risk perceptions: effects on tourists'emotions, satisfaction and expressed loyalty intentions[J]. Tourism Management, 28 (3): 703-713.

Zargar F N，Kumar D. 2021. Market fear，investor mood，sentiment，economic uncertainty and tourism sector in the United States amid COVID-19 pandemic：a spillover analysis[J]. Tourism Economics，29（2）：551-558.

Zhu X D，Yang S Y，Moazeni S. 2016. Firm risk identification through topic analysis of textual financial disclosures[R]. 2016 IEEE Symposium Series on Computational Intelligence（SSCI）.

Zimmermann R，Hattendorf J，Blum J，et al. 2013. Risk perception of travelers to tropical and subtropical countries visiting a Swiss travel health center[J]. Journal of Travel Medicine，20（1）：3-10.

Zopiatis A，Savva C S，Lambertides N，et al. 2019. Tourism stocks in times of crisis：an econometric investigation of unexpected nonmacroeconomic factors[J]. Journal of Travel Research，58（3）：459-479.

附录 目的地旅游需求预测结果（第 6 章）

附表 1 提前 3 期预测结果

项目		ARIMAX		SVR		RF		LASSO		KNN		岭回归		Adaboost	
		RMSE	MAPE	RMSE	MAPE	RMSE	MAPE	RMSE	MAPE	RMSE	MAPE	RMSE	MAPE	RMSE	MAPE
Y	预测误差	2879.74	49.29%	5861.37	82.13%	5110.48	82.12%	5200.19	93.94%	5041.32	84.93%	5235.05	94.12%	6574.68	100.70%
$Y+S$	预测误差	3934.02	43.47%	5888.91	80.90%	4643.89	68.50%	4406.51	67.41%	4428.79	63.59%	4427.99	67.85%	5126.6	67.79%
	精度提升	-36.61%	11.81%	-0.47%	1.50%	9.13%	16.59%	15.26%	28.24%	12.15%	25.13%	15.42%	27.91%	22.03%	32.68%
	t 检验			-0.17	0.46	3.35***	3.32***	6.49***	5.88***	4.50***	4.54***	6.97***	5.98***	8.76***	5.33***
$Y+E$	预测误差	2764.25	53.46%	5915.22	82.75%	4033.28	57.61%	4976.62	87.51%	4632.38	68.88%	5050.09	88.75%	3844.27	51.32%
	精度提升	4.01%	-8.46%	-0.92%	-0.75%	21.08%	29.85%	4.30%	6.84%	8.11%	18.90%	3.53%	5.71%	41.53%	49.04%
	t 检验			-0.34	-0.23	8.20***	5.83***	1.93*	1.27	3.11***	2.96***	1.61	1.04	18.53***	7.99***
$Y+B$	预测误差	2780.85	59.41%	5896.77	82.20%	4344.97	64.70%	4567.97	72.44%	4403.34	69.90%	4587.89	74.62%	4351.12	66.06%
	精度提升	3.43%	-20.53%	-0.60%	-0.09%	14.98%	21.21%	12.16%	22.89%	12.66%	17.70%	12.36%	20.72%	33.82%	34.40%
	t 检验			-0.22	-0.03	5.94***	4.30***	4.30***	4.58***	5.37***	3.10***	4.72***	4.08***	12.78***	5.32***
$Y+R1$	预测误差	2669.75	51.24%	5907.67	82.65%	5068.16	80.79%	5121.64	91.03%	5090.13	88.40%	5156.16	90.97%	5505.84	79.42%
	精度提升	7.29%	-3.96%	-0.79%	-0.63%	0.83%	1.62%	1.51%	3.10%	-0.97%	-4.09%	1.51%	3.35%	16.26%	21.13%
	t 检验			-0.29	-0.19	0.34	0.29	0.63	0.53	-0.4	-0.6	0.63	0.58	6.88***	3.08***

续表

项目		ARIMAX		SVR		RF		LASSO		KNN		岭回归		Adaboost	
		RMSE	MAPE	RMSE	MAPE	RMSE	MAPE	RMSE	MAPE	RMSE	MAPE	RMSE	MAPE	RMSE	MAPE
$Y+R2$	预测误差	3193.12	54.93%	5912.83	82.76%	5036.2	81.69%	5185.29	90.80%	4915.75	83.01%	5239.35	91.91%	5555.56	83.19%
	精度提升	−10.88%	−11.44%	−0.88%	−0.77%	1.45%	0.52%	0.29%	3.34%	2.49%	2.26%	−0.08%	2.35%	15.50%	17.39%
	t检验			−0.32	−0.23	0.59	0.1	0.1	0.62	0.97	0.36	−0.03	0.43	6.27***	2.51**
$Y+N$	预测误差	2999.57	48.77%	5916.07	82.90%	5109.15	82.72%	5216.57	94.54%	5063.92	90.94%	5283.77	95.96%	5418.57	89.49%
	精度提升	−4.16%	1.05%	−0.93%	−0.94%	0.03%	−0.73%	−0.31%	−0.64%	−0.45%	−7.08%	−0.93%	−1.95%	17.58%	11.13%
	t检验			−0.34	−0.28	0.01	−0.13	−0.13	−0.11	−0.19	−1.1	−0.39	−0.34	6.82***	1.518
$Y+S+E$ $+B+R1$	预测误差	3150.28	46.95%	5920.29	82.48%	3891.48	55.04%	3777.71	52.91%	3894.64	50.24%	3853.64	55.02%	3786	47.85%
	精度提升	−9.39%	4.75%	−1.01%	−0.43%	23.85%	32.98%	27.35%	43.68%	22.75%	40.85%	26.39%	41.54%	42.42%	52.48%
	t检验			−0.37	−0.13	9.13***	7.07***	11.23***	10.07***	9.34***	8.21***	10.89***	9.68***	16.67***	8.89***

*表示结果在10%置信水平下显著，**表示结果在5%置信水平下显著，***表示结果在1%置信水平下显著，所有显著的 t 检验的 t 检验结果均已加粗显示，加底纹区域表示预测精度有所提升

附表 2　提前 4 期预测结果

项目		ARIMAX RMSE	ARIMAX MAPE	SVR RMSE	SVR MAPE	RF RMSE	RF MAPE	LASSO RMSE	LASSO MAPE	KNN RMSE	KNN MAPE	岭回归 RMSE	岭回归 MAPE	Adaboost RMSE	Adaboost MAPE
Y	预测误差	1965.17	51.16%	5661.08	82.80%	5318.13	91.06%	5476.15	96.20%	5319.8	91.68%	5461.7	99.06%	7335.66	119.84%
Y+S	预测误差	3712.36	39.99%	5646.13	81.12%	4534.59	64.58%	4561.78	64.27%	4558	66.54%	4555.54	66.45%	6026.73	79.35%
	精度提升	-88.91%	21.83%	0.26%	2.03%	14.73%	29.08%	16.70%	33.19%	14.32%	27.42%	16.59%	32.92%	17.84%	33.79%
	t 检验			0.09	0.73	5.60***	8.28***	7.64***	9.81***	4.90***	7.10***	7.50***	9.74***	8.19***	7.04***
Y+E	预测误差	2464.89	50.52%	5671.57	83.32%	3905.88	52.15%	5145.93	89.53%	4822.27	69.86%	5175.29	91.59%	4010.24	51.54%
	精度提升	-25.43%	1.25%	-0.19%	-0.63%	26.56%	42.73%	6.03%	6.93%	9.35%	23.80%	5.24%	7.54%	45.33%	56.99%
	t 检验			-0.06	-0.22	10.74***	12.29***	3.09***	1.79*	3.34***	5.59***	2.55**	1.97*	19.93***	12.52***
Y+B	预测误差	2580.49	61.40%	5663.79	82.92%	4574.76	70.37%	4942.43	77.68%	4503.38	70.50%	4874.63	79.25%	4651.92	62.65%
	精度提升	-31.31%	-20.02%	-0.05%	-0.14%	13.98%	22.72%	9.75%	19.25%	15.35%	23.10%	10.75%	20.00%	36.58%	47.72%
	t 检验			-0.02	-0.05	5.50***	5.94***	3.77***	5.39***	5.93***	6.52***	4.66***	5.62***	19.07***	10.70***
Y+R1	预测误差	2458.4	54.91%	5674.75	83.06%	5278.02	86.86%	5460.08	94.03%	5110.86	89.79%	5440.81	97.64%	5474.12	81.98%
	精度提升	-25.10%	-7.33%	-0.24%	-0.31%	0.75%	4.61%	0.29%	2.26%	3.93%	2.06%	0.38%	1.43%	25.38%	31.59%
	t 检验			-0.08	-0.11	0.26	1.13	0.14	0.55	1.53	0.47	0.17	0.36	11.01***	5.86***
Y+R2	预测误差	2302.47	45.47%	5675.46	83.40%	4971.77	81.46%	5345.12	92.17%	5025.45	84.14%	5347.27	95.73%	5114.14	75.31%
	精度提升	-17.16%	11.12%	-0.25%	-0.72%	6.51%	10.54%	2.39%	4.19%	5.53%	8.22%	2.10%	3.36%	30.28%	37.16%
	t 检验			-0.09	-0.25	2.42**	2.60**	1.09	1.07	2.01**	2.00*	0.92	0.87	13.64***	7.22***
Y+N	预测误差	1973.96	53.60%	5677.29	83.62%	5384.44	92.57%	5548.99	98.60%	5312.43	97.83%	5548.14	103.21%	5874.03	98.30%
	精度提升	-0.45%	-4.77%	-0.29%	-0.99%	-1.25%	-1.66%	-1.33%	-2.49%	0.14%	-6.71%	-1.58%	-4.19%	19.92%	17.97%
	t 检验			-0.1	-0.35	-0.43	-0.398	-0.63	-0.61	0.05	-1.62	-0.72	-1.03	9.68***	3.32***

续表

项目		ARIMAX		SVR		RF		LASSO		KNN		岭回归		Adaboost	
		RMSE	MAPE	RMSE	MAPE	RMSE	MAPE	RMSE	MAPE	RMSE	MAPE	RMSE	MAPE	RMSE	MAPE
Y+S+E+B+R1	预测误差	3767.59	53.18%	5672.05	83.10%	3868.98	52.58%	3889.01	52.79%	3942.27	50.96%	3907.1	55.10%	3890.67	44.70%
	精度提升	-91.72%	-3.95%	-0.19%	-0.36%	27.25%	42.26%	28.98%	45.12%	25.89%	44.42%	28.46%	44.38%	46.96%	62.70%
	t检验			-0.07	-0.13	11.19***	13.49***	12.39***	14.09***	9.80***	13.43***	12.87***	14.18***	22.40***	14.38***
Y+S+E+B+R1+R2	预测误差	3712.49	51.66%	5674.62	83.17%	3829.18	52.32%	3849.23	50.93%	3981.47	52.16%	3850.31	52.93%	3763.42	41.32%
	精度提升	-88.91%	-0.98%	-0.24%	-0.45%	28.00%	42.54%	29.71%	47.06%	25.16%	43.11%	29.50%	46.57%	48.70%	65.52%
	t检验			-0.08	-0.16	10.96***	13.14***	12.54***	15.24***	9.41***	13.23***	12.66***	15.51***	23.63***	15.46***

*表示结果在10%置信水平下显著，**表示结果在5%置信水平下显著，***表示结果在1%置信水平下显著，所有结果均已加粗显示，加底纹区域表示预测精度有所提升